低调的奢华
怀旧风钩针编织小物

〔日〕稻叶由美　著

蒋幼幼　译

河南科学技术出版社

·郑州·

目录

制作教程

要点教程

寄 语

时光静静流淌，新的花样在脑海里不断浮现。

有点怀旧，有点新颖……

我将点点思绪藏进了作品中。

钩织一个小样，缝在别针上，

将它别在西服、帽子、手提包、披肩上，

抑或是鞋子上……

加上那么一点点手作小物，

买来的衣物立马焕然一新，

搭配的范围也越来越广。

再闲适一点……

再自由一点……

本书中，看起来有点不可思议、有点复杂的花样，

其实也只是重复简单的编织方法。

制作起来心情愉悦，搭配在身上满心欢喜。

如果能给大家带来这样的快乐，

我将感到非常幸福。

bow

稻叶由美

【 № 01 】

Spiral pattern pouch

螺旋花样口金包

钩织过程中，反面会浮现出螺旋花样，非常不可思议。
将5个螺旋花片连接成袋状。

制作教程 p.6　用线 Hamanaka APRICO（上）、Wash Cotton Crochet（下）

制作教程 螺旋花样口金包

一起制作 p.5 的螺旋花样口金包吧。花片的前 14 圈是将织片的反面作为作品的正面使用的，所以符号图是顺时针方向看的。
按符号图钩织，第 15 圈将织片翻面后再钩织。花片的最后一圈一边与其他花片连接一边继续钩织。
图中表示尺寸的数字的单位均为厘米（cm）。

【材料】
[p.5 上]Hamanaka APRICO 灰粉色（20）25g
[p.5 下]Hamanaka Wash Cotton Crochet 绿色（126）25g
[共用]3/0 号钩针，宽 7.5cm、高 4cm 的包包专用口金
（H207-008），口金专用缝针(此处使用串珠用针）

【成品尺寸】
宽 12.5cm，长 14.5cm（不含口金）

【制作要点】
· 钩 5 针锁针，连接成环，开始钩织。
· 前 14 圈无须钩立针，环形编织。
· 第 15 圈翻面后钩织。
· 先钩 1 个花片 A，其余 3 个花片 A 和 1 个花片 B 均在
最后一圈一边与相邻花片连接一边继续钩织。

花片A

花片B

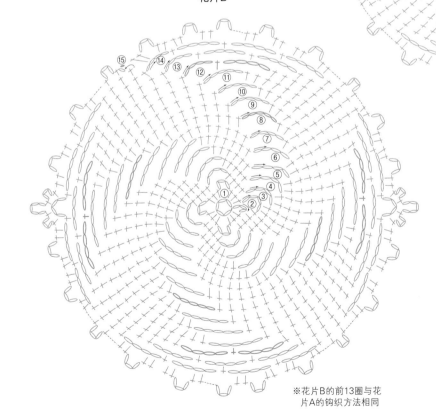

※花片B的前13圈与花
片A的钩织方法相同

组合

用相同的线缝上口金

流苏
在14cm长的纸板上绕
25圈线

12

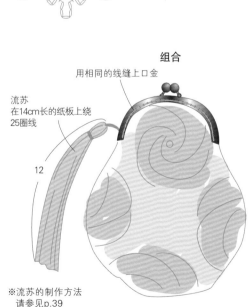

※流苏的制作方法
请参见p.39

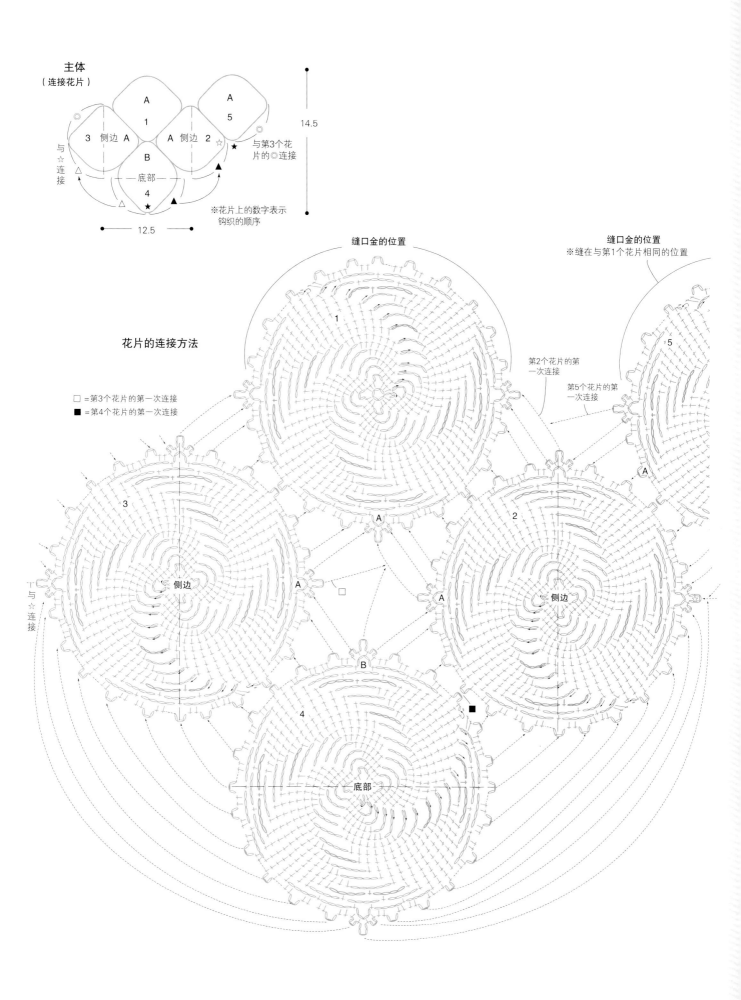

主体
（连接花片）

3 侧边 A
1
A
A 侧边 2
5
B
底部
4

与☆连接

与第3个花片的◎连接

※花片上的数字表示
钩织的顺序

14.5

12.5

缝口金的位置

缝口金的位置
※缝在与第1个花片相同的位置

花片的连接方法

□ =第3个花片的第一次连接
■ =第4个花片的第一次连接

第2个花片的第
一次连接

第5个花片的第
一次连接

1

5

3

侧边

A

A

A

□

2

侧边

B

■

4

底部

与☆连接

图解步骤

看起来好像很难，

其实使用的钩织方法只有锁针和短针。

花样是一圈一圈钩织下去的，

所以钩织的时候要确认钩到哪里了，

要有耐心哦。

起针

1

钩 5 针锁针，连接成环。起针完成，开始钩织。

第1圈

2

重复 4 次"钩 3 针锁针、在环中插入钩针钩 3 针短针"。

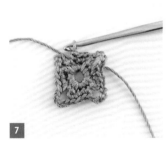

3

第 1 圈完成的状态。

第2圈

4

钩 4 针锁针，在前一圈的锁针环里插入钩针钩 2 针短针。

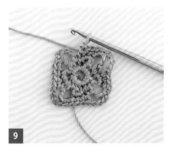

5

继续在前一圈下 2 针短针的头部各钩 1 针短针。（这里最好在第 1 圈最初的锁针线环里做上记号，作为一圈起点的标记。）

6

与步骤 4、5 一样，再重复 3 次"4 针锁针、4 针短针"。

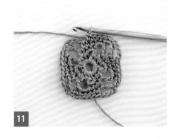

7

第 2 圈完成的状态。

第3圈

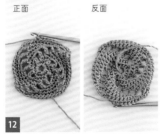

8

重复"钩 4 针锁针、在前一圈的锁针环里钩 2 针短针、在下 3 针短针的头部各钩 1 针短针"。

9

第 3 圈完成的状态。

第4圈

10

重复"钩 4 针锁针、在前一圈的锁针环里钩 2 针短针、在下 4 针短针的头部各钩 1 针短针"。

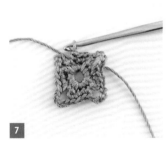

11

第 4 圈完成的状态。

第7圈

正面　　　　反面

12

用同样的方法，重复"4 针锁针 + 一定数目的短针（每圈都比前一圈增加 1 针短针）"。图为第 7 圈完成的状态。反面已经可以看出一点螺旋花样。

第8圈

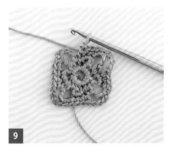

13

第 8 圈，从钩 5 针锁针开始。

14

重复"钩 5 针锁针、在前一圈的锁针环里钩 2 针短针、在下 8 针短针的头部各钩 1 针短针"。图为第 8 圈完成的状态。

第11圈

正面

15

用同样的方法，重复"5针锁针+一定数目的短针（每圈都比前一圈增加1针短针）"，图为第11圈完成的状态。

反面

16

反面已经可以很清楚地看出螺旋花样。

第12圈

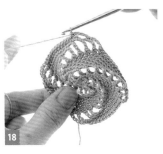

17

第12圈从钩4针锁针开始。在前一圈的锁针环里插入钩针钩1针短针。

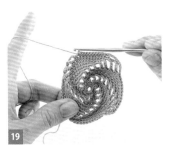

18

继续钩4针锁针，前一圈的短针跳过2针，第3针钩1针短针。（2个4针锁针的环构成花片的转角位置。）

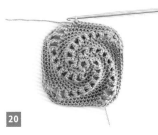

19

接下来，再钩9针短针。

20

重复"4针锁针、1针短针、4针锁针、10针短针"。图为第12圈完成的状态。

第13圈

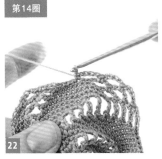

21

第13圈，在花片转角处钩织3个4针锁针的环。（最后的环后面钩7针短针。）

第14圈

22

第14圈的第一处转角，钩织4个4针锁针的环。（最后的环后面钩4针短针。）

狗牙小环

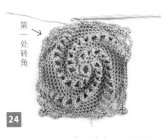

23

剩下的三处转角，钩织5个4针锁针的环，中间会出现一个狗牙小环。（最后的环后面钩4针短针。）

第一处转角

24

图为第14圈完成的状态。只有第一处转角没有狗牙小环，呈圆弧状。

25

在这时翻转织片至反面。花片以这一侧作为正面使用。

第15圈

26

朝相反方向继续钩织。钩1针锁针的立针，在前一圈的第2针里插入钩针钩1针短针。

27

先钩3针锁针和1针短针即3针锁针的狗牙针，接下来按符号图继续钩织。

28

钩至前一圈转角处4针锁针的狗牙小环时，在同一个环里钩3针锁针、5针锁针、3针锁针的3个狗牙针。

29

接下来，按符号图重复"一定数目的短针、3针锁针的狗牙针"。与步骤28一样，在前一圈转角处4针锁针的狗牙小环里，连续钩3个狗牙针。

30

最后一处转角没有狗牙小环，所以按符号图钩短针和3针锁针的狗牙针。

31

第15圈结束，1个花片A完成。

如何连接花片

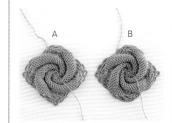

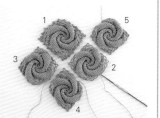

参照步骤1~25，再钩3个花片A和1个花片B（A的转角呈圆弧状的有1处，B有2处），在最后一圈连接。（图片是第14圈完成的状态。）

注意花片的方向，按数字顺序一边钩最后一圈一边连接。（图片显示了花片的排列。实际操作时，也可以连接第1和第2个花片后，再重新起针开始钩第3个花片。）

连接第2个花片

32

先连接第1和第2个花片。钩至第2个花片的第15圈的连接针目前面的2针锁针。

33

钩针上保留线圈的状态下，从正面将钩针插入第1个花片的5针锁针的狗牙针里。

34

挂线后引拔。

35

继续钩2针锁针、1针短针后的状态。2个5针锁针的狗牙针连接完成。

36

在符号图的连接位置，与步骤33、34一样连接。图为第1和第2个花片连接完成的状态。

连接第3个花片

37

继续钩第2个花片的第15圈剩下的部分。图为最后钩完的状态。

38

接下来连接第1和第3个花片。钩至第3个花片连接位置前的狗牙针。

39

下面是准备连接的狗牙针，先钩2针锁针，在第1和第2个花片的连接针目的尾部插入钩针，引拔。

40

继续钩2针锁针、1针短针。3个5针锁针的狗牙针连接完成。继续连接后面的狗牙针。

连接第4个花片

41

按符号图连接花片，继续钩第3个花片的第15圈剩下的部分，钩至图片中钩针所在位置。

42

将织物正面朝外卷成环状，与步骤41图片中的第2个花片的☆处狗牙针连接。

43

继续钩第3个花片的第15圈剩下的部分。图为最后钩完的状态。

44

接下来连接第4个花片。第4个花片所有的狗牙针都要连接。

45

钩1针锁针的立针、1针短针、狗牙针的1针锁针，先与第2个花片连接。继续连接后面的狗牙针。

46

前3个花片的转角连接在一起的部分，与步骤39一样，在第2个花片的连接针目的尾部插入钩针，引拔。

47

图为4个花片的转角都连接完成的状态。

48

继续一边连接一边钩花片，图为第4个花片的2条边连接完成的状态。

连接第5个花片

49

翻面，参照右边的图片，将第4个花片的下部向上折，用同样的方法连接剩下的2条边。

50

第2和第3个花片的转角连接在一起的部分，与步骤39一样，在第2个花片的连接针目的尾部插入钩针，引拔。

51

继续连接。图为第4个花片连接完成的状态。

52

最后连接第5个花片。

53

钩至第5个花片连接位置前，钩第1个5针锁针的狗牙针时，与第1和第2个花片连接在一起的部分连接。

54

一边连接狗牙针一边继续钩织。第2、3、4个花片的转角连接在一起的部分，与步骤39一样，在第2个花片的连接针目的尾部插入钩针，引拔。

55

钩最后的5针锁针的狗牙针时，与第1和第3个花片连接在一起的部分连接。

56

按符号图钩第5个花片剩下的部分。处理好线头。

缝合口金

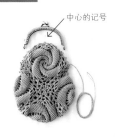

57

在花片顶边的中心做好记号。用相同的线缝口金，每侧准备大约1m长的线。将线穿入缝针（串珠用针等），在缝口金位置的一端接线。

58

将织物塞进口金槽里，在口金的小孔里插入缝针做回针缝。

59

图为缝合完成的状态。

60

参照p.39制作流苏，系到合适位置就完成了。

【 № 02 】

Doily

复古卷针装饰垫

通过连接花片完成的、洋溢着复古风气息的装饰垫，
圆鼓鼓的卷针是钩织的重点。
两侧的流苏给作品增添了特色。

制作方法 p.42　要点教程 p.38　用线 Hamanaka APRICO

Pincushion

复古风花片针插

钩 1 个与复古卷针装饰垫一样的花片,缝在迷你针插上即可。
小流苏的制作方法与复古卷针装饰垫的一样。

制作方法 p.42　要点教程 p.38　用线 Hamanaka TiTi Crochet

【 № 04 】

Antique style collar

复古风装饰领

设计简单、雅致的圆领和锯齿领。
在圆领上缝好钩织的小球纽扣，在锯齿领上系上流苏。
制作方法 p.44（圆领）、p.46（锯齿领）用线 Hamanaka APRICO

【 № 05 】

Ruffled pouch

褶边蛙嘴口金包

连接六边形花片后，再钩织褶状边缘。
钩入的串珠和亮片给作品增添了一份华丽。

制作方法 p.48　要点教程 p.40　用线 Hamanaka TiTi Crochet

Flower brooch.

小花胸针

钩织蛙嘴口金包上的 1 个花片，制作可爱的小花胸针。
叶子和花茎用 2 根线钩织，以达到平衡的效果。

制作方法 p.47　要点教程 p.40　用线 Hamanaka TiTi Crochet

Popcorn pattern bag

爆米花手提包

5针长针的爆米花针立体感很强，织物呈现方格花纹效果。
设计了宽大的侧边，增加了手提包的实用性。

制作方法 p.50　用线 Hamanaka eco–ANDARIA–raffie

【 № 08 】

Wide brim hat

蓝色花饰夏日遮阳帽

宽檐帽是夏日必需品。
方便佩戴、款式简单的帽子，缝上时尚流行的花片，瞬间变得华丽起来。

制作方法 p.53　用线 Hamanaka eco-ANDARIA-raffie、Wash Cotton Crochet

【 *Nº 09* 】

Creased crown hat

卷边小礼帽

在灰色的底色上钩入绿色线条，起到提亮整体的效果。
因为是基础款，所以设计中加入了一点小变化。

制作方法 p.56　要点教程 p.39　用线 Hamanaka eco-ANDARIA

给 p.22 的帽子围上一条类似飘带的饰带，效果会截然不同。
简单的创意，极好的效果，想要放松心情时不妨一试。

用线 Hamanaka APRICO（仅饰带）

【 № 10 】

Mini-bag

迷你手提包

使用多种颜色钩织的复古色调手提包，与成人的服饰非常容易搭配。
袋口的飘带、底部的多色条纹、圆鼓鼓的形状都是此包的亮点。

制作方法 p.58　要点教程 p.40　用线 Hamanaka Flax K

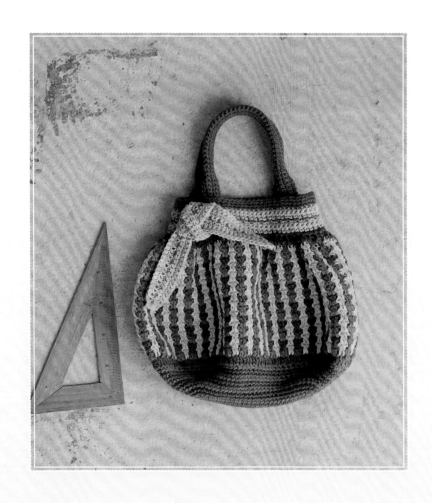

【 № 11 】

Tote bag

托特手提包

一圈一圈钩织的方形花片手提包，加上宽幅的皮革提手，令人印象深刻。
放在房间里用作小物收纳袋，也很漂亮哦。

制作方法 p.62　用线 Hamanaka eco-ANDARIA-raffie

Cotton socks

双色镂空纯棉短袜

这是从袜头开始钩织、最后再钩袜跟的镂空短袜。
袜口 2 种颜色的波浪花样让人感受到复古的气息。

制作方法 p.64　用线 Hamanaka Wash Cotton

Drawstring bag

圆形古典气质束口袋

钩织 2 个稍大的花片，合在一起钩织边缘。
漂亮的古典设计，就好像在古董店里看到的一样。

制作方法 p.66　用线 Hamanaka APRICO

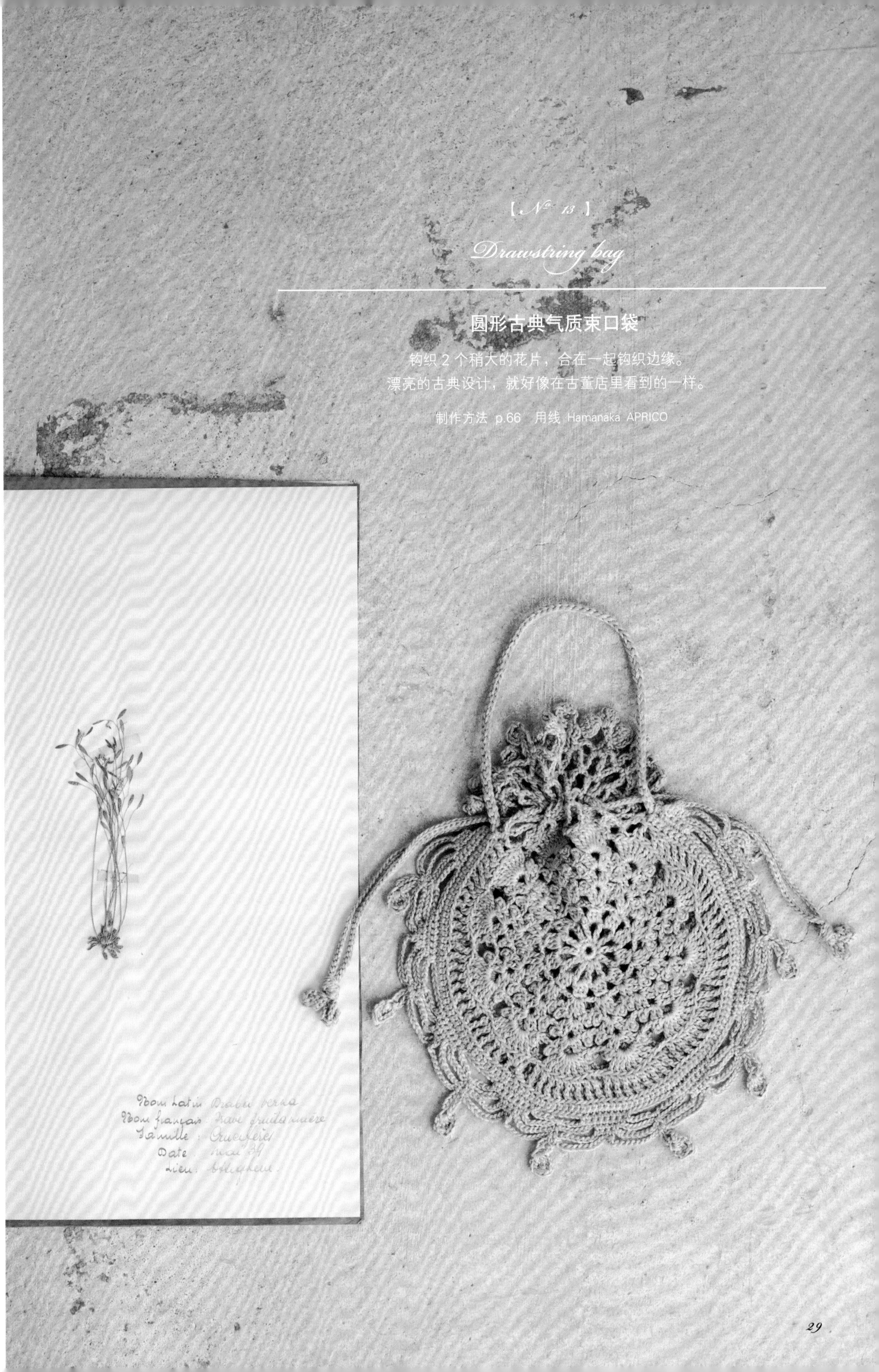

Clutch bag & Brooch

低调奢华的手拿包和圈圈饰花

在手拿包上装上链子，还可以用作单肩包，最适合应邀赴约时搭配使用。

银色亮丝线钩织的饰花，别在手拿包上或者衣服上都非常合适。

制作方法 p.72（低调奢华的手拿包）、p.74（低调奢华的圈圈饰花）用线 Hamanaka eco-ANDARIA、VERANO

【 *№ 15* 】

Decoration bag

圆环饰花手提包

包身基础部分，用棉线和夹亮丝渐变色线合股钩织。
加上精致的圆环饰花，整个手提包休闲又不失优雅。

制作方法 p.68　用线 Hamanaka APRICO、VERANO

【 № 16 】

Triangle shawl

扇形花样三角形披肩

这款披肩的扇形花样非常独特。

可以直接披在肩上，也可以随意地围在脖子上。

非常适合与简单的装束搭配使用。

制作方法 p.70　用线 Hamanaka APRICO

【 *№ 17* 】

Long flower brooch

长飘带胸花

优雅、古典的花朵花片。
单个花片就能制作成别致的胸花。
特别的日子里，不妨加上长长的飘带，精心搭配。

制作方法 p.61　用线 Hamanaka TiTi Crochet

要点教程

下面着重讲解本书作品中出现的有趣的技法、辅助材料的使用方法以及作品

重点部位的钩织方法。

所有的技法都不难，请试试吧。

 卷针的钩织方法 这是 p.12、p.13 的复古卷针装饰垫和复古风花片针插使用的钩织方法。

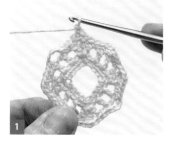

1 钩完花片的第 3 圈。然后钩 1 针锁针的立针和 1 针短针。

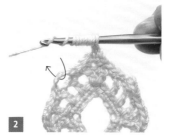

2 在钩针上绕 10 次线，在前一圈 3 针锁针的环里插入钩针。

3 挂线并拉出，稍微拉长一点。将刚才拉出的线从钩针上的第 1 圈绕线底下穿过来。

4 穿过 1 圈绕线完成的状态。接下来逐一穿过后面的绕线。

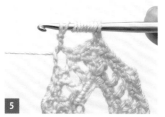

5 穿过 2 圈绕线完成的状态。每穿过一圈绕线后就压住针目底部再进行下一步操作，这样会容易一点。

6 穿过 5 圈绕线完成的状态。

7 穿过全部 10 圈绕线完成的状态。

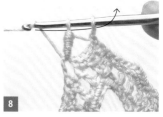

8 钩针挂线，一次引拔穿过剩下的 2 个线圈。

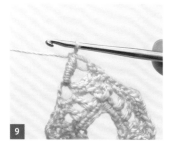

9 引拔完成的状态。1 针绕 10 次的卷针完成。

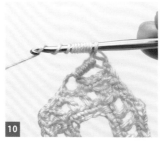

10 用同样的方法，在钩针上绕 10 次线，钩第 2 针卷针。

11 5 针卷针完成的状态。

12 钩 9 针绕 10 次的卷针，再钩 1 针短针后，卷针呈扇形。

流苏的制作方法
以 p.5 的螺旋花样口金包为例进行说明。装饰垫、针插等具体作品中的纸板长度和绕线次数，请参见各个作品的制作方法。

1 在 14cm 长的纸板上绕 25 圈线。

2 用相同的线在纸板上绕 3 圈后剪断，对折。

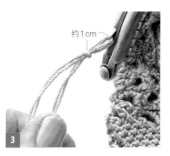

3 将对折后的线穿过口金上的挂环，在 1cm 左右的地方打死结。（线头长度要相同。）

4 将 1 个线头穿入从纸板上取下的线圈束的环里。

5 在线圈束内侧打 2 次结。

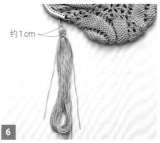

6 用同样的线，在纸板上绕 1 圈多一点后剪断备用。在线圈束从上往下约 1cm 的地方，用刚才准备好的线绕 3 或 4 圈后打结。

7 将打结后的线穿入缝针，在内侧藏好线头。剪断线圈束另一头的线环。

8 整理穗子，将末端修剪整齐。

定型条与热收缩管的使用方法
以 p.22 的卷边小礼帽为例进行说明。p.21 的蓝色花饰夏日遮阳帽也是同样的操作方法。

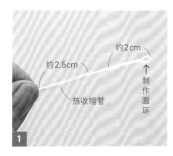

1 将定型条穿入剪成约 2.5cm 长的热收缩管里，然后将定型条的一端在约 2cm 的位置折弯，在顶端制作一个圆环后拧上几次。

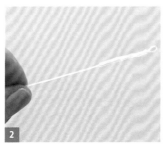

2 将热收缩管套在定型条拧转的地方后，用熨斗对热收缩管进行加热使其收缩。

3 钩 4 针锁针起针后，钩 1 针锁针作为立针。接下来钩短针，首先在起针针目里插入钩针，然后再将钩针插入步骤 2 中制作好的定型条的圆环里。

4 在钩针上挂线，从定型条圆环和起针针目里将线拉出。这样，定型条就会被包在里面。

5 将定型条包在里面拉出线后的状态。

6 1 针短针完成的状态。

7 第 2 针以后，都将定型条贴着插入钩针的针目，将其包在里面钩织。

8 钩至指定位置。与步骤 1、2 一样，制作定型条的圆环，在圆环中插入钩针钩织。

✤ 串珠与亮片的钩入方法　这是 p.16、p.17 的褶边蛙嘴口金包、小花胸针使用的编织方法。

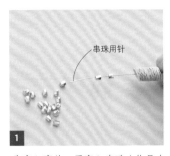

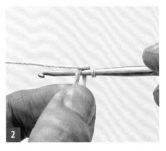

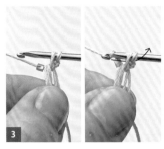

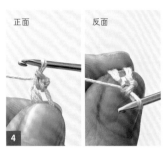

1 先穿入亮片，后穿入串珠（作品中使用的是扭珠）。穿亮片时，从鼓起的那一面插入针，注意穿针时要统一亮片的朝向。

2 手指挂线环形起针，钩 1 针锁针的立针，在线环中插入钩针。

3 将线拉出。滑过来 1 颗串珠，在钩针上挂线后引拔。

4 钩入串珠的短针完成。串珠出现在反面。

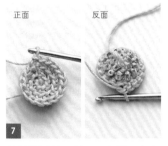

5 钩完第 1 圈，将中心的线环收紧后的状态。

6 从第 2 圈开始无须钩立针。第 2~6 圈在前一圈短针头部的后面半针里挑针钩织（短针的条纹针）。

7 按符号图钩织，第 1、2 圈钩入串珠，第 3 圈不加任何东西。图为第 3 圈完成的状态。

8 第 4 圈开始，钩短针的条纹针，同时在指定位置钩入亮片。与串珠的钩入要领相同，拉出线后，滑过来 1 片亮片。

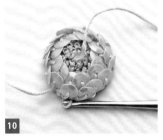

9 挂线引拔。亮片出现在反面。

10 钩入亮片至第 5 圈完成的状态。第 6 圈不加任何东西，钩短针的条纹针。

11 第 7 圈也不加任何东西，但是在前一圈短针头部的前面半针里挑针钩织。

12 第 7 圈完成。织物的反面作为作品的正面使用。

✤ 从前两圈（行）的针目里挑针钩织的方法　以 p.24 的迷你手提包为例进行说明。p.30 的低调奢华的手拿包也是同样的编织方法。

1 底部钩织完成后，按符号图，用深蓝色线钩第 1 圈，用蔚蓝色线钩第 2 圈。用浅驼色线钩第 3 圈时，在前两圈深蓝色线钩的长针的头部插入钩针。

2 将第 2 圈蔚蓝色线钩的锁针包在里面，钩 2 针长针。

3 用深蓝色线钩第 4 圈时也用同样的方法，在前两圈蔚蓝色线钩的针目里挑针，将浅驼色线钩的锁针包在里面钩长针。

4 用浅驼色线钩第 5 圈时也用同样的方法，在前两圈浅驼色线钩的针目里挑针钩织。

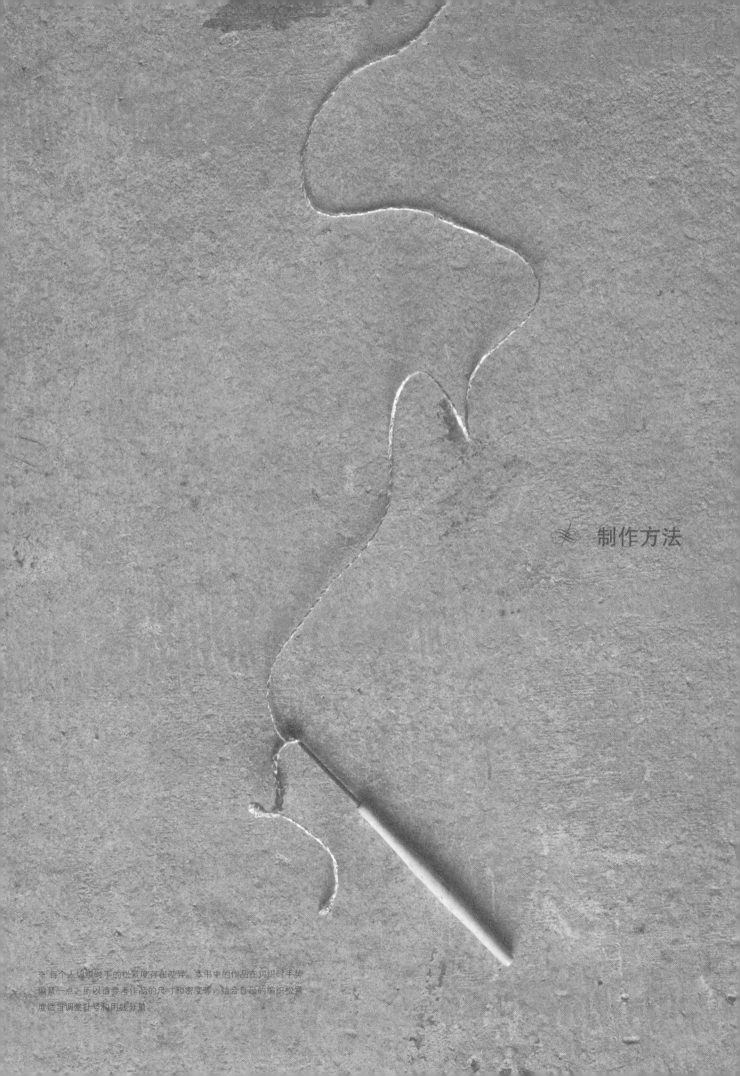

制作方法

复古卷针装饰垫、复古风花片针插

p.12、p.13

◆材料和工具

装饰垫:Hamanaka APRICO 浅驼色(22)42g,钩针 3/0 号

针插:Hamanaka TiTi Crochet 浅米色(3)3g,天鹅绒布(青绿色)8.5cm×16cm,填充棉适量,钩针 2/0 号

◆成品尺寸

装饰垫:宽 22cm,长 45cm(不含流苏)

针插:7.5cm×7.5cm

◆密度

装饰垫:1 个花片 8cm×8cm

针插:1 个花片 7.5cm×7.5cm

◆制作要点

装饰垫

· 钩 16 针锁针起针,连接成环。第 1 圈从锁针的半针和里山 2 根线里挑针,钩短针。

· 接下来,参照符号图钩 1 个 6 圈的花片。

· 从第 2 个花片开始,在第 6 圈进行连接。

· 钩织并连接 10 个花片,在两端系上流苏。

针插

· 与装饰垫一样,先钩 1 个花片。

· 将天鹅绒布正面相对对折,留出返口和 0.5cm 的缝份,然后缝合。

· 翻到正面,从返口塞入填充棉。

· 缝合返口时,在转角处缝上流苏。

· 缝上花片。

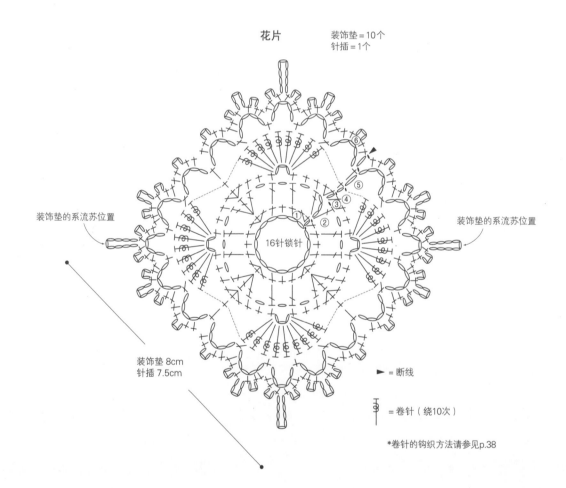

花片

装饰垫=10 个
针插=1 个

装饰垫的系流苏位置

装饰垫的系流苏位置

16针锁针

装饰垫 8cm
针插 7.5cm

► = 断线

= 卷针(绕10次)

*卷针的钩织方法请参见p.38

装饰垫 （连接花片）

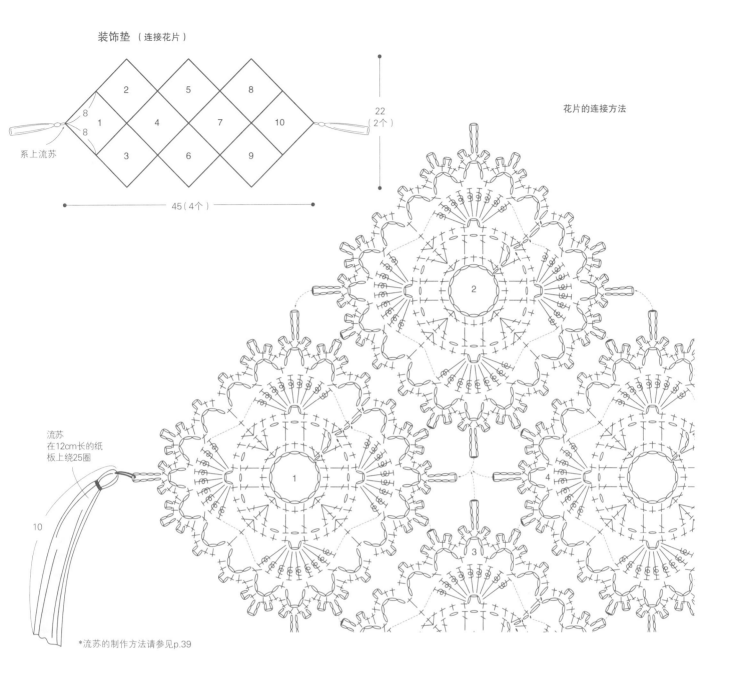

2　5　8

8
1　4　7　10
8

3　6　9

系上流苏

45（4个）

22
（2个）

花片的连接方法

流苏
在12cm长的纸
板上绕25圈

10

*流苏的制作方法请参见p.39

1

2

3

4

针插

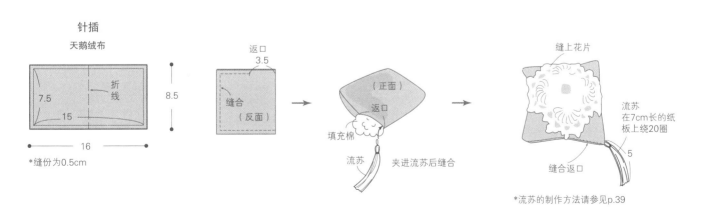

天鹅绒布

7.5

15

16

折线

8.5

*缝份为0.5cm

返口
3.5

缝合
（反面）

（正面）
返口

填充棉

流苏

夹进流苏后缝合

缝上花片

流苏
在7cm长的纸
板上绕20圈

5

缝合返口

*流苏的制作方法请参见p.39

43

复古风装饰领

p.15（圆领）

◆**材料和工具**

Hamanaka APRICO 原色（1）20g，钩针 3/0 号

◆**成品尺寸**

宽 6cm，领围 44cm

◆**制作要点**

· 钩 138 针锁针起针，在锁针的半针和里山 2 根线里挑针，钩短针。

· 接下来，参照符号图，往返钩织至第 9 行。

· 纽扣：预留 20cm 左右的线头，手指挂线环形起针后钩短针。在钩完全部圈数前将起针的圆环拉紧，将预留的线头塞在纽扣里。编织终点也留 20cm 左右线头后剪断。在剩下的 6 个针目里穿线后拉紧，再用这个线头将纽扣缝在装饰领的纽扣位置上。

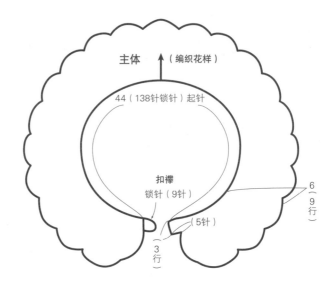

主体 （编织花样）

44（138针锁针）起针

扣襻

锁针（9针）

（5针）

6（9行）

3行

完成图

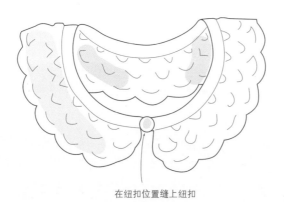

在纽扣位置缝上纽扣

纽扣

在剩下的针目里穿线后拉紧

环

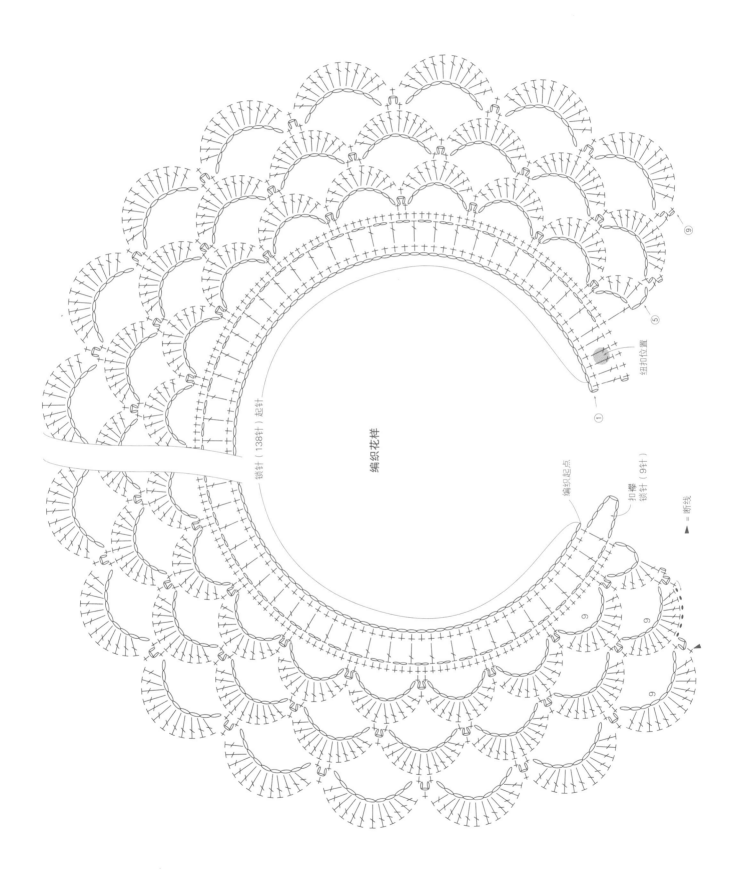

编织花样

锁针（138针）起针

编织起点

扣襻
锁针（9针）

纽扣位置

= 断线

复古风装饰领

p.14（锯齿领）

◆ **材料和工具**

Hamanaka APRICO 原色（1）25g，钩针 3/0 号

◆ **成品尺寸**

宽 6cm，领围 52cm（不含流苏）

◆ **制作要点**

· 钩 185 针锁针起针，钩 4 针锁针的立针，然后在锁针的半针和里山 2 根线里挑针，往返钩织编织花样。

· 在系流苏位置各系上 1 个流苏。

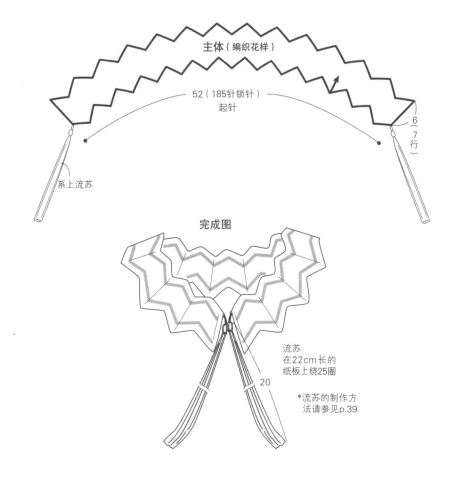

主体（编织花样）

52（185针锁针）起针

6（7行）

系上流苏

完成图

流苏
在22cm长的
纸板上绕25圈

20

*流苏的制作方
法请参见p.39

► = 断线

编织花样

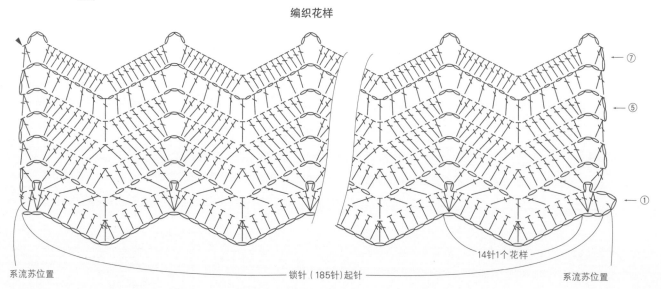

系流苏位置

锁针（185针）起针

14针1个花样

系流苏位置

小花胸针

p.17

◆**材料和工具**

Hamanaka TiTi Crochet 浅米色（3）4g，直径 6mm 的粉米色亮片 27 片，长 2mm 的银色扭珠 18 颗，长 2.5cm 的胸针 1 个，填充棉适量，钩针 2/0 号

◆**成品尺寸**

宽 7.5cm，长 10.5cm

◆**制作要点**

· 钩六边形花片前，预先在线上穿入 27 片亮片、18 颗扭珠。

· 手指挂线环形起针，一边钩入扭珠一边钩第 1 圈的短针，第 2~6 圈钩短针的条纹针（在后面半针里挑针）。第 3 圈不钩入任何东西。第 4、5 圈钩入亮片。从第 6 圈开始不钩入任何东西。

· 第 7、8 圈钩短针的条纹针（在前面半针里挑针）。

· 第 9~13 圈，一边减针一边钩短针。

· 有扭珠和亮片的一侧（针目反面一侧）作为作品的正面，在里面塞入适量填充棉，然后在剩下的 12 个针目里穿线并拉紧。

· 花茎和叶子用 2 根线钩织。

· 在六边形花片的反面缝上胸针和花茎。

亮片、扭珠的穿入方法

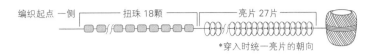

编织起点 一侧　扭珠 18 颗　　亮片 27 片

*穿入时统一亮片的朝向

六边形花片

*将针目反面一侧作为作品正面使用

► = 断线

在剩下的针目里穿线后拉紧

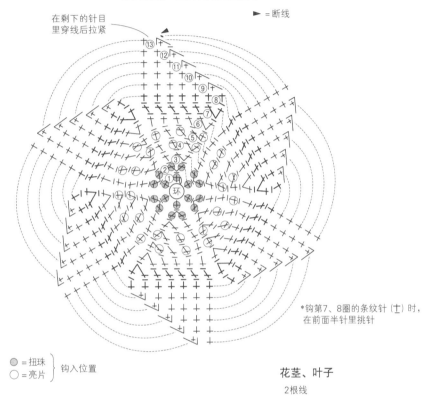

*钩第 7、8 圈的条纹针（⊥）时，在前面半针里挑针

● = 扭珠　　钩入位置
○ = 亮片

组合方法

花茎、叶子

2 根线

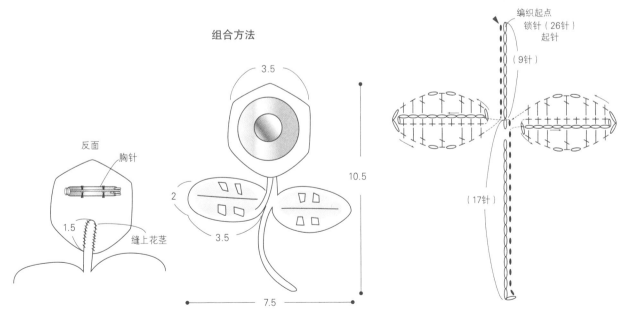

反面
胸针
缝上花茎

1.5
3.5
2
3.5
10.5
7.5

编织起点
锁针（26 针）起针
（9 针）
（17 针）

褶边蛙嘴口金包

p.16

◆材料和工具

Hamanaka TiTi Crochet 浅米色（3）25g，约10.5cm×5cm的包包专用口金（H207-003-4），直径6mm的粉米色亮片216片，长2mm的银色扭珠144颗，直径7mm的圆环2个，长2.5cm的挂扣2个，18cm长的提手链1条，钩针2/0号

◆成品尺寸

宽约12.5cm，深约10cm

◆制作要点

· 钩六边形花片前，预先在线上穿入27片亮片，18颗扭珠（1个花片所需的数量）。

· 手指挂线环形起针，一边钩入扭珠一边钩第1圈的短针，第2~6圈钩短针的条纹针（在后面半针里挑针）。第3圈不钩入任何东西。第4、5圈钩入亮片。第6、7圈不钩入任何东西。

· 第7圈钩短针的条纹针（在前面半针里挑针）。

· 将六边形花片有扭珠和亮片的一侧（针目反面一侧）作为正面，如图所示排列好，在内侧的半针插入缝针进行卷针缝。

· 从花片上挑针，钩织边缘。

· 将2个侧面正面相对对齐，一起在下半部分的针目里钩短针。

· 翻到正面，在缝口金位置缝上口金。

亮片、扭珠的穿入方法

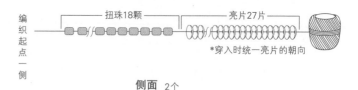

侧面 2个

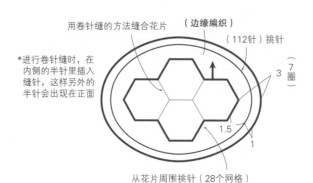

六边形花片 8个

▷ = 接线
► = 断线

*将针目反面一侧作为正面使用

*钩第7圈的条纹针（士）时，在前面半针里挑针

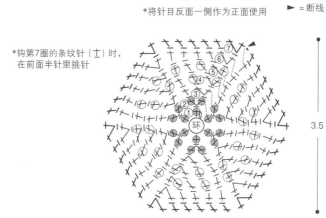

完成图

● = 扭珠
○ = 亮片 } 钩入位置

组合方法

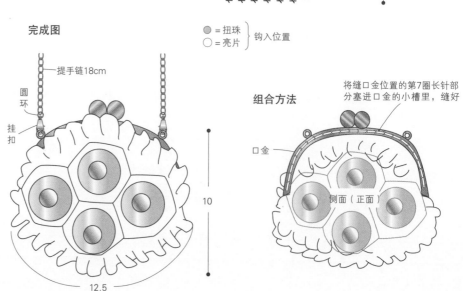

缝口金位置

1个网格

卷针缝

边缘编织

将2个侧面正面相对对齐，
一起钩短针

爆米花手提包

p.19

◆材料和工具

Hamanaka eco-ANDARIA-raffie 黄绿色（605）235g、灰色（614）65g，茶色木质提手（H210-706-3）1 对，磁力扣（H206-041-2）1 对，钩针5/0 号

◆成品尺寸

宽 34cm，侧边 13cm，深 23.5cm（不含提手）

◆密度

10cm×10cm 面积内：短针 21.5 针，21.5 行；编织花样 A 21 针，14 行

◆制作要点

· 用黄绿色线钩 45 针锁针起针，一边加针一边钩 14 圈短针作底部。

· 接下来，用黄绿色线，按编织花样 A 钩织侧面、按编织花样 B 钩织侧边，无加减针钩 24 圈。

· 换成灰色线，按编织花样 C，环形钩织 2 圈。

· 从第 3 行开始，参照符号图，由中心向左右分别钩织对称的带状。

· 从袋口的侧面中心位置挑针后钩织袋口盖头，缝上磁力扣（子扣）后，将前端的 2.5cm 折到反面缝好。

· 在侧面（正面）盖头重叠的地方缝上磁力扣（母扣）。

· 参照组合图，将木质提手上下颠倒，缝在袋口的缝提手位置。

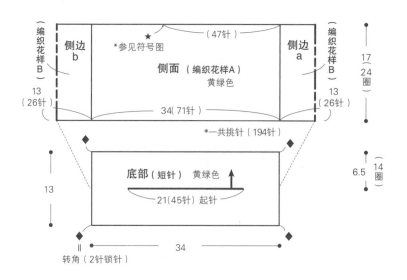

袋口　（编织花样C）灰色

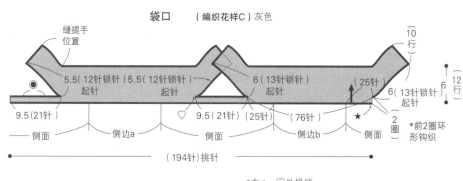

*在★、♡处接线

袋口盖头
（编织花样C）灰色

从侧面中心
◉处挑针（7针）

组合方法

在袋口盖头上缝磁力扣

沿折线折到反面后缝好侧边

*将木质提手上下颠倒后使用

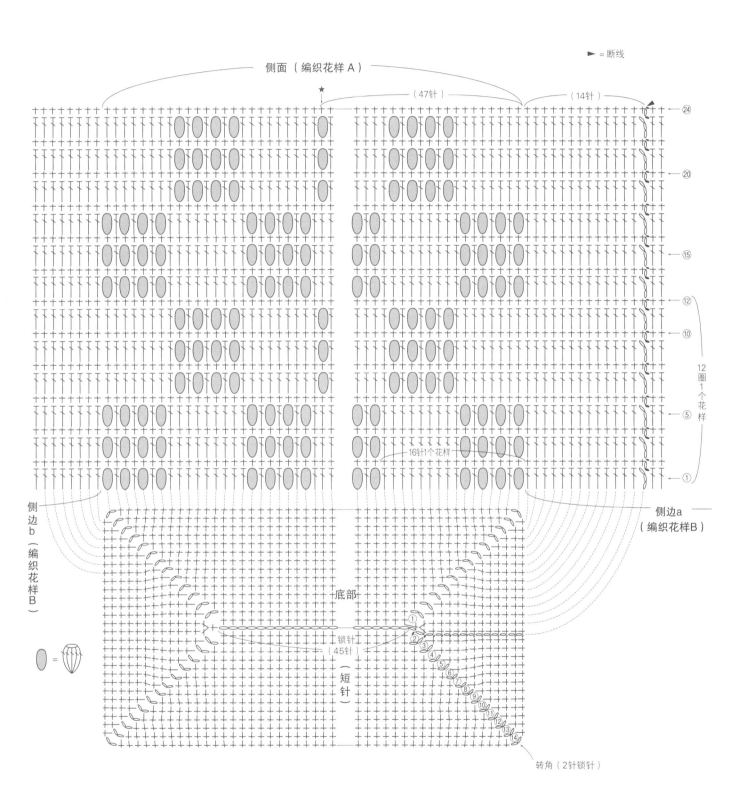

► = 断线

侧面（编织花样A）

★ （47针） （14针）

㉔

⑳

⑮

⑫

⑩

12圈1个花样

⑤

16针1个花样

①

侧边b （编织花样B）

侧边a （编织花样B）

底部

锁针 （45针）

（短针）

=

转角〔2针锁针〕

编织花样 C

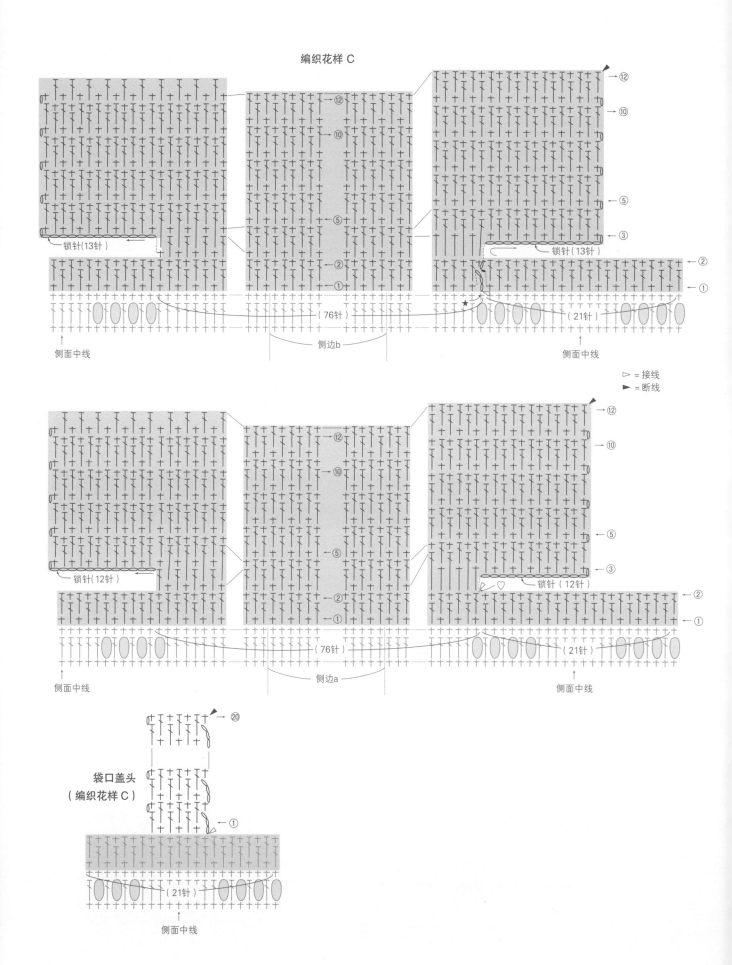

锁针(13针)

锁针(13针)

(76针)

(21针)

侧面中线

侧边b

侧面中线

▷ = 接线
► = 断线

锁针（12针）

锁针（12针）

(76针)

(21针)

侧面中线

侧边a

侧面中线

袋口盖头
（编织花样 C）

(21针)

侧面中线

【 № 08 】

Wide brim hat

蓝色花饰夏日遮阳帽

p.21

◆材料和工具

Hamanaka eco-ANDARIA-raffie 浅咖啡色（615）150g，Wash Cotton Crochet 蓝色（110）20g，定型条（H204-593）12m，热收缩管（H204-605）5cm，钩针 5/0 号、3/0 号

◆成品尺寸

头围 57.5cm，帽深 10cm

◆密度

10cm×10cm 面积内：短针 19.5 针，22 行

◆制作要点

· 手指挂线环形起针，从帽顶开始往下钩织短针。

· 参照符号图和加针的表格，帽顶钩 13 圈，帽身钩 22 圈，帽檐钩 23 圈。帽檐的第 11~23 圈将定型条包在里面钩织。定型条的使用方法请参见 p.39。

· 花片 A 手指挂线环形起针后按符号图钩织，然后在花片 A 的上面钩上花片 B、C。饰带钩 220 针锁针起针后环形钩织。

· 将饰带和花片缝在帽子上。

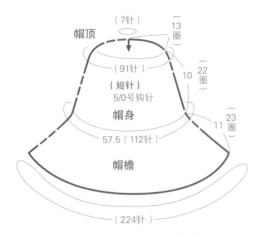

*用 eco-ANDARIA-raffie 浅咖啡色线钩织

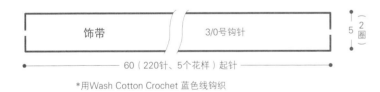

*用 Wash Cotton Crochet 蓝色线钩织

组合方法

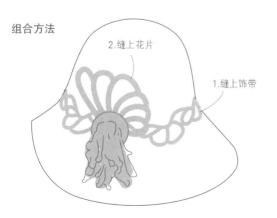

将定型条包在里面钩织

帽檐的加针

圈	针数	
23	224	
22	224	
21	224	
20	224	
19	224	(+7针)
18	217	(+7针)
17	210	(+7针)
16	203	(+7针)
15	196	
14	196	(+7针)
13	189	(+7针)
12	182	(+7针)
11	175	(+7针)
10	168	
9	168	(+7针)
8	161	(+7针)
7	154	(+7针)
6	147	(+7针)
5	140	
4	140	(+7针)
3	133	(+7针)
2	126	(+7针)
1	119	(+7针)

帽身的加针

圈	针数	
14~22	112	
13	112	(+7针)
10~12	105	
9	105	(+7针)
5~8	98	
4	98	(+7针)
1~3	91	

帽顶的加针

圈	针数	
13	91	(+7针)
12	84	(+7针)
11	77	(+7针)
10	70	(+7针)
9	63	(+7针)
8	56	(+7针)
7	49	(+7针)
6	42	(+7针)
5	35	(+7针)
4	28	(+7针)
3	21	(+7针)
2	14	(+7针)
1	7	

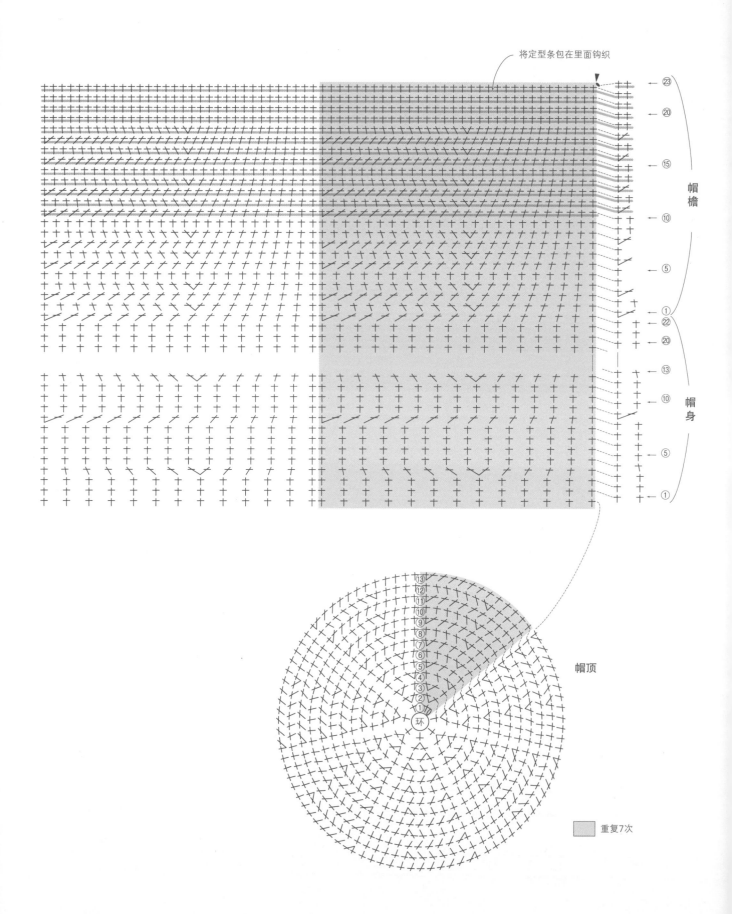

将定型条包在里面钩织

帽檐

帽身

帽顶

重复7次

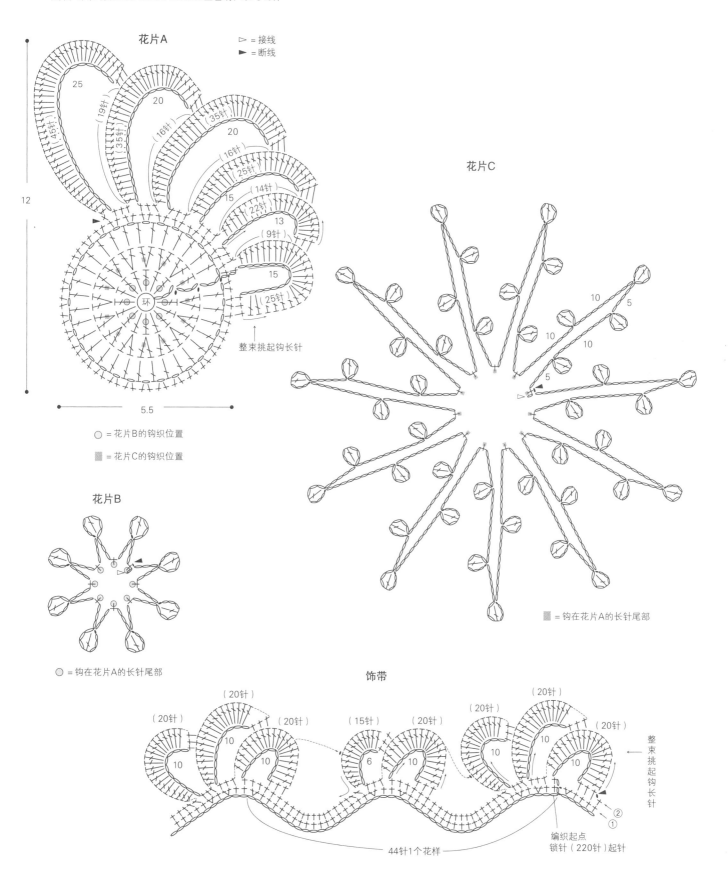

*花片、饰带均用Wash Cotton Crochet 蓝色线、3/0号钩针

花片A

▷ = 接线
► = 断线

25
20
(19针)
(35针)
(45针)
(16针)
(35针)
20
(16针)
25针
15
(14针)
(25针)
22针
13
(9针)
15
(25针)

环

整束挑起钩长针

5.5
12

○ = 花片B的钩织位置
▨ = 花片C的钩织位置

花片B

○ = 钩在花片A的长针尾部

花片C

10
5
10
10
5

▨ = 钩在花片A的长针尾部

饰带

(20针)
(20针)
(20针)
(20针)
(15针)
(20针)
(20针)
(20针)
(20针)
10
10
10
6
10
10
10
10
10

整束挑起钩长针

②
①
编织起点
锁针（220针）起针

44针1个花样

55

卷边小礼帽

p.22、p.23

◆材料和工具

Hamanaka eco-ANDARIA 灰色（58）85g，复古绿（68）10g，定型条（H204-593）10m，钩针6/0号

※钩织p.23的饰带时，再准备：Hamanaka APRICO深粉色（7）20g，钩针3/0号

◆成品尺寸

头围56cm，帽深12.5cm

◆密度

10cm×10cm 面积内：短针18针，17行

◆制作要点

·钩4针锁针起针，帽顶一边加针一边钩短针，将定型条包在里面钩织。定型条的使用方法请参见 p.39。

·接下来钩帽身，前10圈将定型条包在里面钩织。

·第19~21圈按条纹编织花样钩织。

·帽檐部分一边加针一边钩短针。

p.23

·饰带：钩10针锁针起针，按符号图钩织饰带，缝合成环状后钩织边缘。

·花片钩10针锁针起针后按符号图钩织，缝在饰带上。

·将缝好花片的饰带套在帽子上。

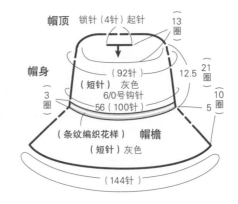

帽顶 锁针（4针）起针

13圈

帽身 （92针）

（短针）灰色

6/0号钩针

56（100针）

12.5 21圈

3圈

10圈

5

（条纹编织花样） 帽檐

（短针）灰色

（144针）

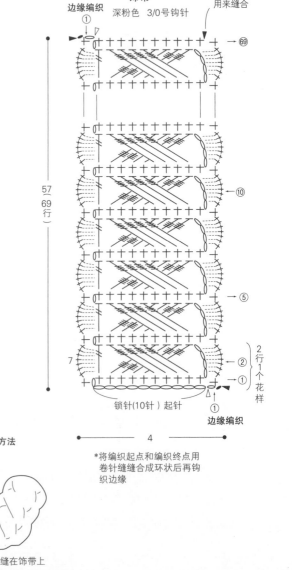

饰带

边缘编织

深粉色 3/0号钩针

留20cm左右的线头用来缝合

→ 69

57（69行）

→ ⑩

→ ⑤

→ ②

→ ①

2行1个花样

7

锁针（10针）起针

①

边缘编织

▷ = 接线

► = 断线

4

*将编织起点和编织终点用卷针缝缝合成环状后再钩织边缘

花片

深粉色 3/0号钩针

0.5 （1行）

← ① 边缘编织

→ ⑰

→ ⑮

12（17行）

→ ①

0.5 （1行）

锁针（10针）起针

4

*与饰带的花样相同，钩至第17行

花片的组合方法

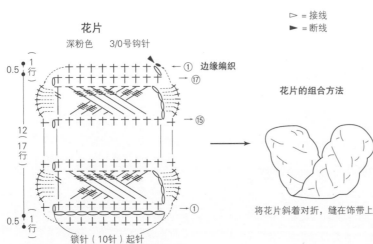

将花片斜着对折，缝在饰带上

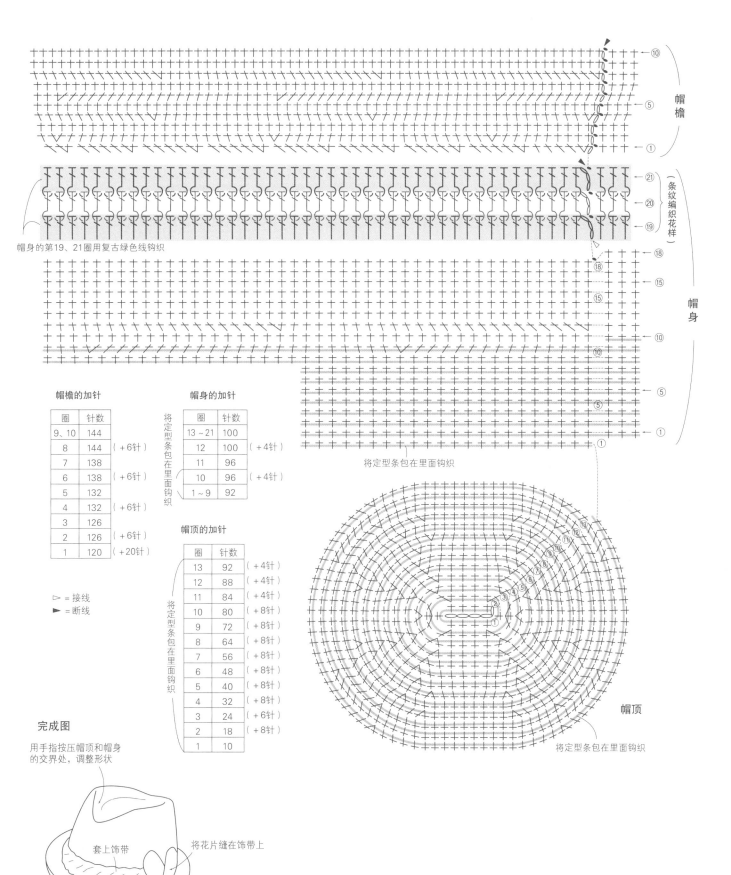

帽身的第19、21圈用复古绿色线钩织

帽檐

（条纹编织花样）

帽身

帽顶

帽檐的加针

圈	针数	
9、10	144	
8	144	（+6针）
7	138	
6	138	（+6针）
5	132	
4	132	（+6针）
3	126	
2	126	（+6针）
1	120	（+20针）

帽身的加针

圈	针数	
13~21	100	
12	100	（+4针）
11	96	
10	96	（+4针）
1~9	92	

将定型条包在里面钩织

帽顶的加针

圈	针数	
13	92	（+4针）
12	88	（+4针）
11	84	（+4针）
10	80	（+8针）
9	72	（+8针）
8	64	（+8针）
7	56	（+8针）
6	48	（+8针）
5	40	（+8针）
4	32	（+8针）
3	24	（+6针）
2	18	（+8针）
1	10	

将定型条包在里面钩织

将定型条包在里面钩织

▷ = 接线
► = 断线

完成图

用手指按压帽顶和帽身
的交界处，调整形状

套上饰带

将花片缝在饰带上

迷你手提包

p.24

◆材料和工具

Hamanaka Flax K 深蓝色（16）70g、浅驼色（13）35g、蔚蓝色（18）25g、姜黄色（205）15g、钩针 5/0 号

◆成品尺寸

宽 34cm，深 21.5cm（不含提手）

◆密度

10cm×10cm 面积内：编织花样 A 26 针，19 行

◆制作要点

· 钩 27 针锁针起针，一边更换颜色一边加针钩底部。

· 接着钩侧面，第 1 圈加 59 针，然后无加减针按编织花样 A 一边更换颜色一边钩 24 圈。（编织花样 A 的编织方法请参见 p.40。）

· 参照符号图，在袋口的编织花样 B 的第 1 圈减 114 针，第 2 圈钩短针。

· 飘带部分一边更换颜色一边按编织花样 C 钩 7 行。

· 最后用深蓝色线环形钩织 3 圈短针。

· 钩 2 条提手，两端各留 12 针，将中间部分折叠后进行卷针缝。

· 在侧面的反面缝上提手。

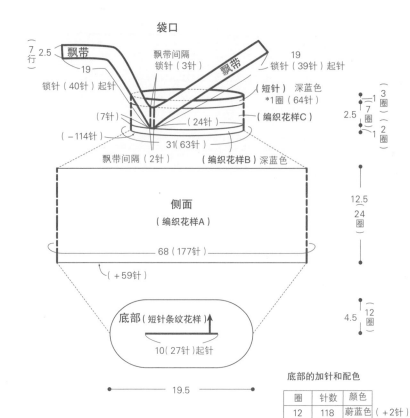

袋口

飘带

飘带间隔
锁针（3针）

7行 2.5

19

锁针（40针）起针

（7针）

（－114针）

飘带间隔（2针）

飘带

19

锁针（39针）起针

（短针）深蓝色
*1圈（64针）

（编织花样C）

（24针）

31（63针）

（编织花样B）深蓝色

3圈
1圈
7圈
2圈
1圈

2.5

侧面

（编织花样A）

68（177针）

（＋59针）

12.5
24圈

底部（短针条纹花样）↑

10（27针）起针

4.5
12圈

19.5

底部的加针和配色

圈	针数	颜色
12	118	蔚蓝色（＋2针）
11	116	深蓝色（＋6针）
10	110	深蓝色（＋6针）
9	104	蔚蓝色（＋6针）
8	98	深蓝色（＋6针）
7	92	深蓝色（＋6针）
6	86	蔚蓝色（＋6针）
5	80	深蓝色（＋6针）
4	74	深蓝色（＋6针）
3	68	蔚蓝色（＋6针）
2	62	深蓝色（＋6针）
1	56	深蓝色

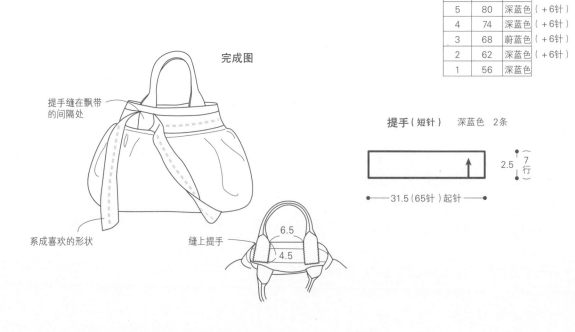

完成图

提手缝在飘带的间隔处

系成喜欢的形状

缝上提手

6.5

4.5

提手（短针）深蓝色 2条

31.5（65针）起针

2.5
7行

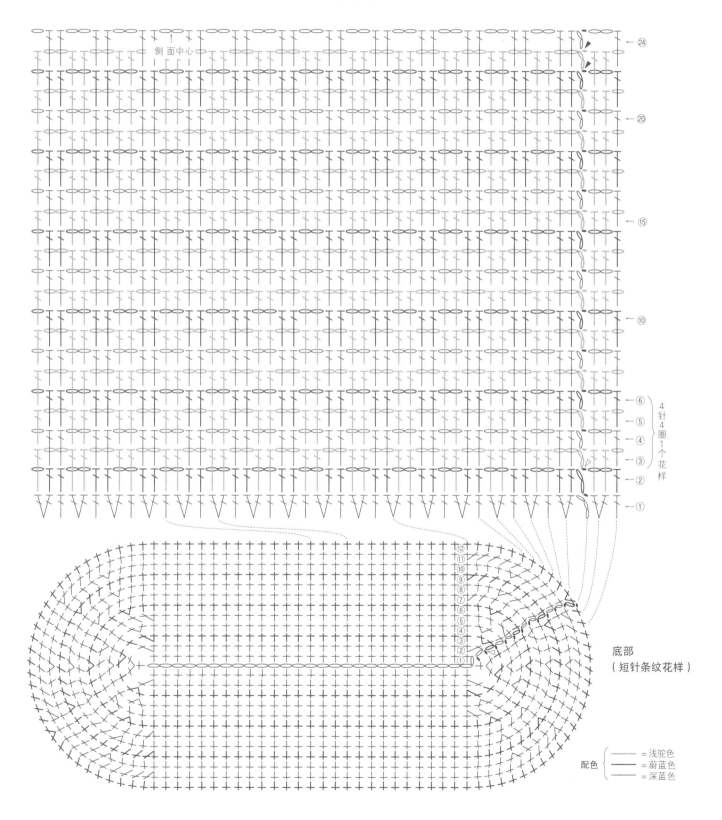

▷ = 接线
► = 断线

侧面（编织花样A）

侧面中心

←㉔
←⑳
←⑮
←⑩
←⑥
←⑤
←④
←③
←②
←①

4针4圈1个花样

底部
（短针条纹花样）

配色 {
—— = 浅驼色
—— = 蔚蓝色
—— = 深蓝色
}

59

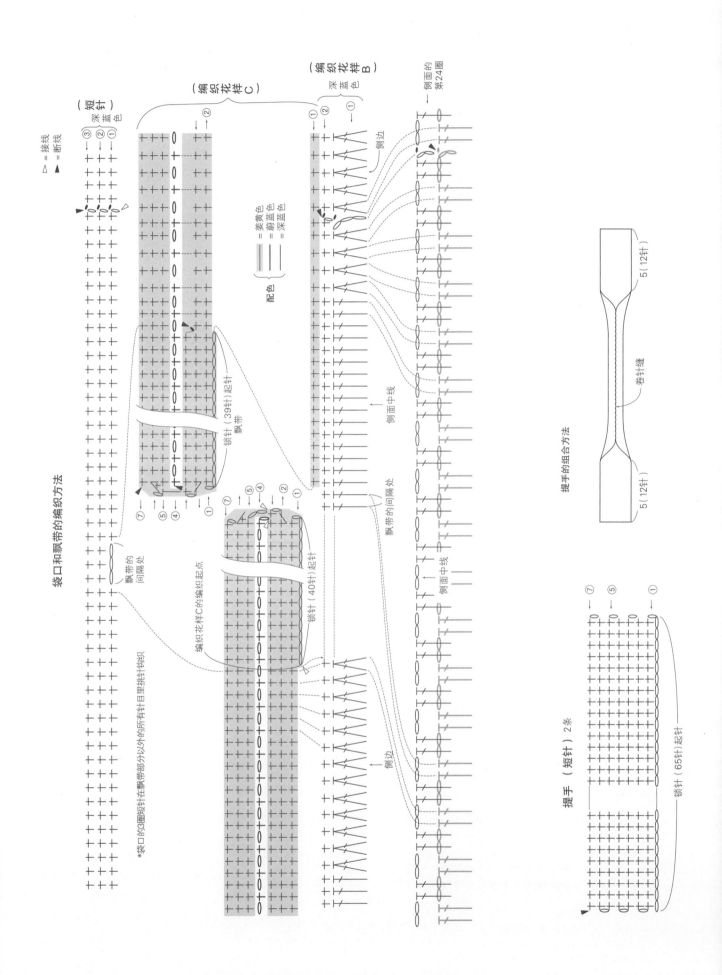

袋口和飘带的编织方法

提手的组合方法

提手（短针）2条

长飘带胸花

p.36

◆材料和工具

Hamanaka TiTi Crochet 浅米色（3）
15g，长 2.5cm 的胸针 1 个，直径
6mm 的圆环 1 个，钩针 2/0 号

◆成品尺寸

宽 10cm，长 54cm

◆制作要点

· 钩 7 针锁针起针，连接成环，钩 3
针锁针的立针，在环中钩入 23 针长
针。

· 在立针的第 3 针锁针里引拔后，钩
花瓣至第 4 圈。

· 飘带部分钩 331 针锁针起针，按
符号图钩织。在距离一端 45cm 附
近装上圆环。

· 在花片反面缝上胸针。

花片

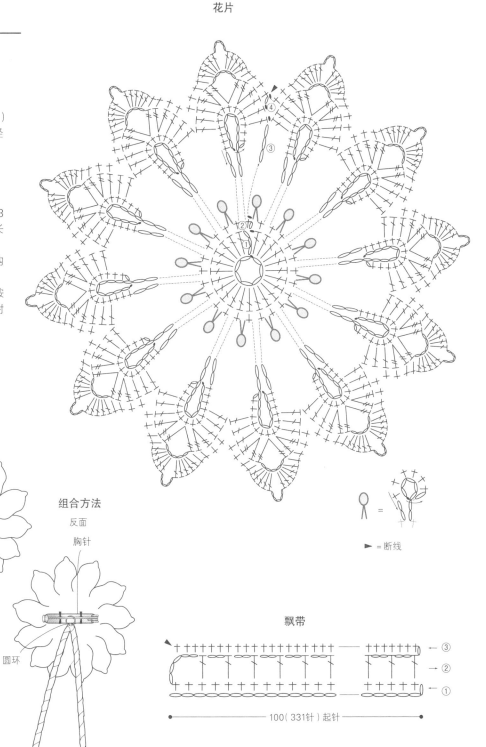

= 断线

完成图

组合方法

反面

胸针

圆环

将飘带绕成自
然卷曲的状态

飘带

←③

→②

←①

100（331针）起针

折叠飘带（一长一短），装上圆环后穿入胸针

Tote bag

托特手提包

p.26

◆材料和工具

Hamanaka eco-ANDARIA-raffie
浅驼色（603）165g，30cm×15cm
的深棕色皮质提手（H204-617-2）
1个，钩针5/0号

◆成品尺寸

宽29cm，深22cm（不含提手），
侧边10cm

◆密度

10cm×10cm 面积内：编织花样的
长针部分23针，11行；短针部分
22针，21.5行

◆制作要点

· 侧面钩15针锁针起针，钩1圈短针。

· 接下来，参照符号图一边加针一边
钩编织花样至第12圈。

· 侧边及底部钩20针锁针起针，钩
145行短针。

· 将侧面和侧边正面朝外对齐，2块
织片一起挑针钩短针。

· 在袋口钩1圈短针作为边缘。

· 如图所示，将提手缝在侧面上部，
不重叠的部分也做回针缝。然后，
将两侧的中间往内折，缝合固定中
间部分的4个孔，最后整理一下形
状。

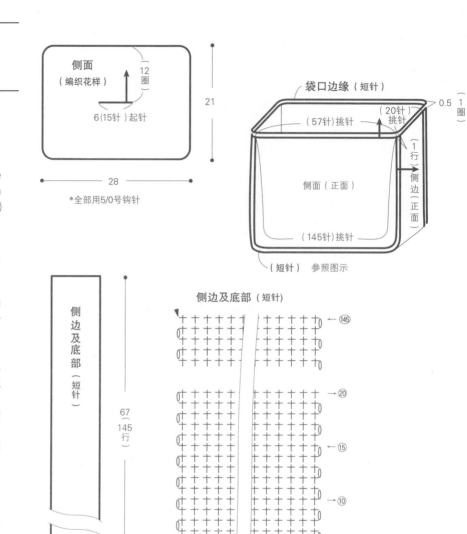

侧面
（编织花样）

12圈

6（15针）起针

21

28

*全部用5/0号钩针

袋口边缘（短针）

0.5（1圈

（20针）挑针

（57针）挑针

1行

侧面（正面）

侧边（正面）

（145针）挑针

（短针） 参照图示

侧边及底部（短针）

侧边及底部（短针）

67
（145行）

9
（20针）起针

145

20

15

10

5

1

锁针（20针）

组合方法

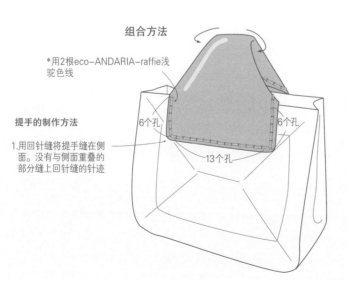

*用2根eco-ANDARIA-raffie浅
驼色线

提手的制作方法

1.用回针缝将提手缝在侧
面。没有与侧面重叠的
部分缝上回针缝的针迹

6个孔

6个孔

13个孔

提手

30个孔

2.将两侧往内折，缝合固
定中间部分的4个孔

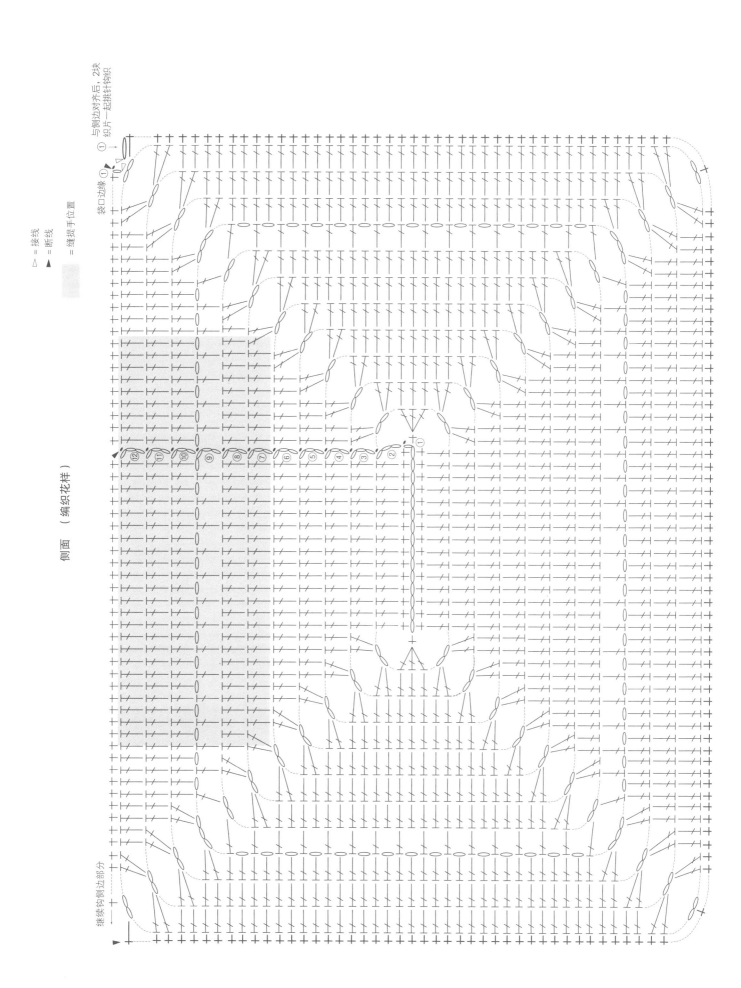

侧面 （编织花样）

△ ＝ 接线
▲ ＝ 断线
▨ ＝ 缝提手位置

双色镂空纯棉短袜

p.28

◆材料和工具

Hamanaka Wash Cotton 浅灰色（20）
75g、绿色（24）25g，钩针 4/0 号

◆密度

10cm×10cm 面积内：编织花样 B 24
针，14.5 行

◆成品尺寸

脚背围 19cm，袜底长 23cm，袜筒长
13.5cm

◆制作要点

· 袜头钩 10 针锁针起针，如图所示从
短针开始钩织，按编织花样 A 环形钩
织 7 圈。

· 接下来按编织花样 B 钩 18 圈袜面。
钩第 19 圈时，留出 36 针锁针的空隙
用于钩袜跟。第 20~24 圈按编织花样
B 继续钩织。

· 钩织袜口的编织花样 C 时，一边配
色一边钩 10 圈。

· 参照符号图，从袜跟预留空隙处挑针，
环形钩织 7 圈长针。剩下的针目用卷
针缝进行缝合。

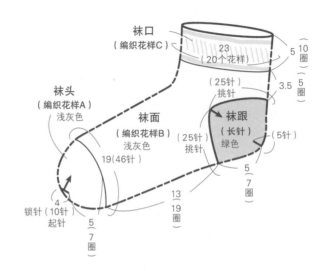

袜跟（长针）

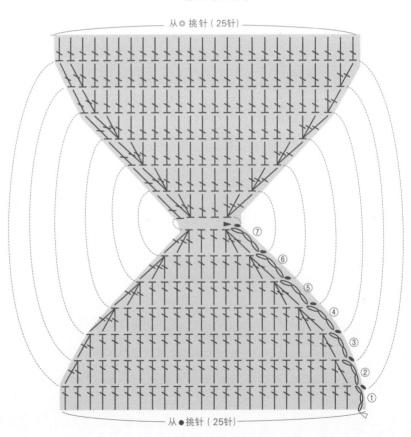

▷ = 接线
► = 断线

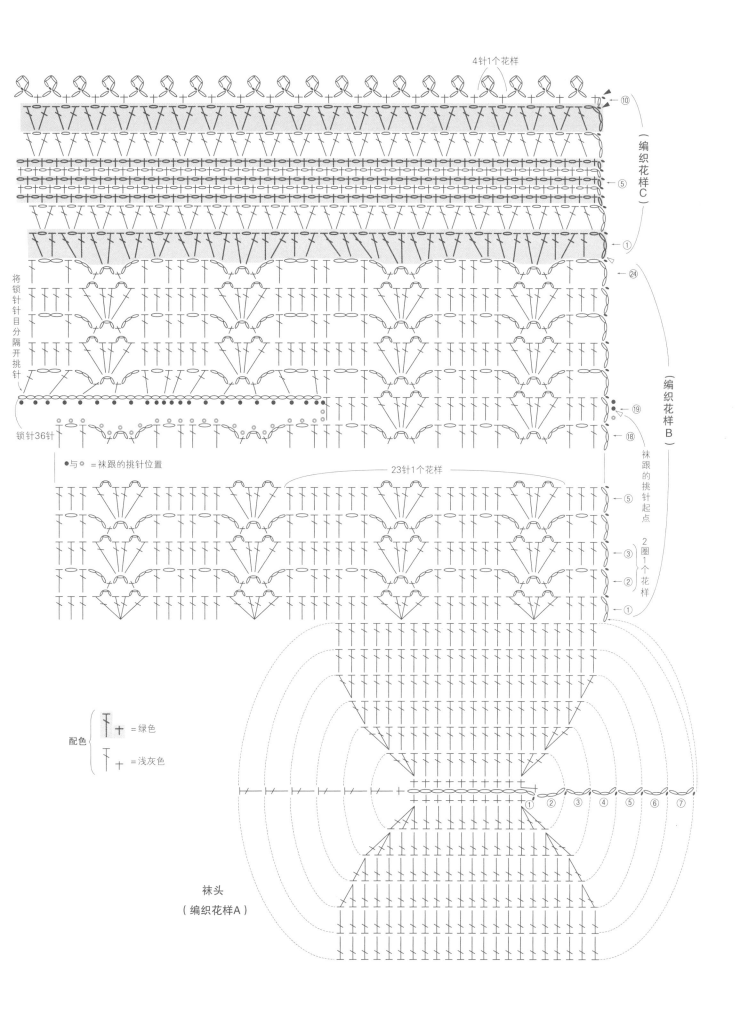

4针1个花样

（编织花样C）

⑩

⑤

①

（编织花样B）

将锁针针目分隔开挑针

②

锁针36针

●与◎＝袜跟的挑针位置

袜跟的挑针起点

2圈1个花样

23针1个花样

⑤

③

②

①

⑦ ⑥ ⑤ ④ ③ ②①

配色 ⟨ ┬＋＝绿色

┬＋＝浅灰色 ⟩

袜头

（编织花样A）

【 № 13 】

Drawstring bag

圆形古典气质束口袋

p.29

◆ **材料和工具**

Hamanaka APRICO 浅驼色（22）
30g，钩针 3/0 号

◆ **成品尺寸**

宽 21cm，长 17.5cm（不含提手和
袋口的边缘）

◆ **制作要点**

· 手指挂线环形起针，按符号图钩 2
块花片，各钩 9 圈。

· 将 2 块花片正面朝外对齐，除了袋
口部分，2 块花片一起挑针钩 5 行
边缘编织 A。

· 从袋口部分挑针，按边缘编织 B
环形钩织 5 圈。

· 提手用 2 根线钩织。在提手连接位
置接线后开始钩织。在另一侧的指
定位置引拔连接后继续钩织。

· 钩两条系绳，在边缘编织 B 的穿
绳位置穿入系绳。

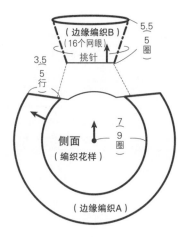

（边缘编织B）
（16个网眼）
挑针
5.5（5圈）

3.5（5行）

侧面
（编织花样）
7 9 圈

（边缘编织A）

*将2个侧面正面朝外对齐，两块花片
一起挑针钩织边缘编织A

完成图

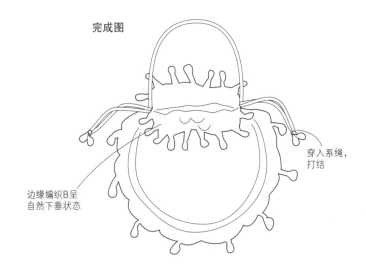

穿入系绳，
打结

边缘编织B呈
自然下垂状态

提手 2根线 1条

② ①

在边缘编织A的提手连接位置引拔   在提手连接位置接线

28（70针）

系绳 2条

①
②

编织起点

40（140针）

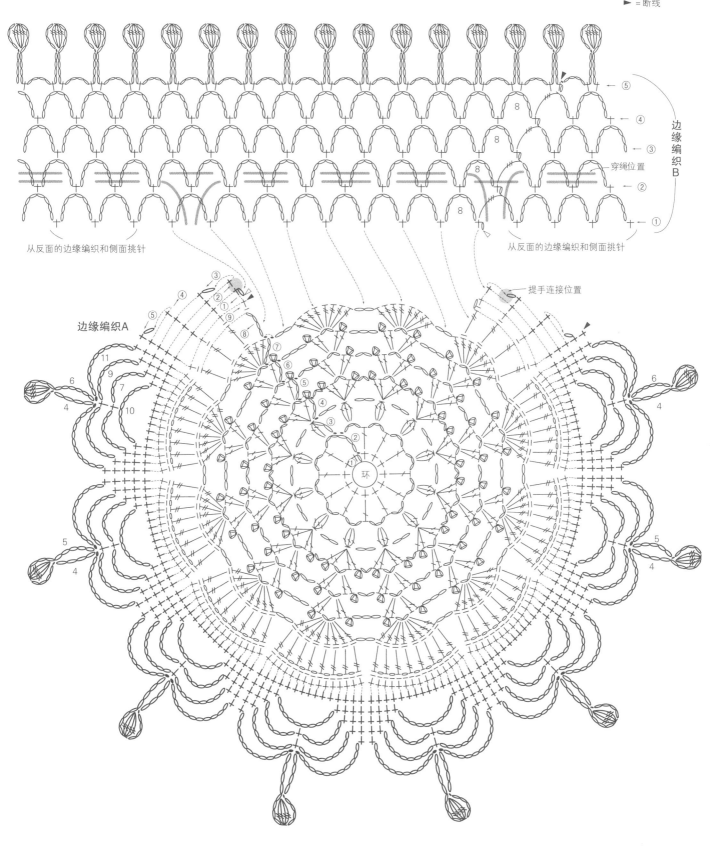

▷ = 接线
► = 断线

边缘编织B

穿绳位置

⑤
④
③
②
①

8
8
8
8

从反面的边缘编织和侧面挑针

从反面的边缘编织和侧面挑针

提手连接位置

③
④
⑤
①
②
⑨
⑧
⑦
⑥
⑤
④
③
②
①
环

边缘编织A

11
6
9
7
10
4

6
4

5
4

5
4

【 № 15 】

Decoration bag

圆环饰花手提包

p.32

◆材料和工具

Hamanaka APRICO 浅驼色（22）140g，VERANO 银色系渐变（1）100g，约45cm 的鞣皮提手 浅驼色（H911-022-014）1 对，直径18mm 的磁力扣（H206-041-3）2对，约 6mm 的切面玻璃珠 乳白色120 颗，大号圆珠 金褐色 480 颗，

钩针 5/0 号、4/0 号

◆成品尺寸

宽约 37cm，深 29cm（不含提手）

◆密度

10cm×10cm 面积内：编织花样 20.5针，13.5 行

◆制作要点

· 钩 120 针锁针起针，按编织花样钩53 行。

· 将侧面中心的 28cm（14 个花样）折叠成褶皱状后缝起来。

· 正面相对对齐，如图所示，在两侧做半针回针缝。

· 固定磁力扣，折到反面，在袋口一侧

缝合。

· 在 2 根浅驼色线里穿入串珠，每次穿入1 个圆环饰花所需数量。

· 钩 30 针锁针起针，连接成环，一边钩入串珠一边钩织圆环饰花。

· 从第 2 个花片开始，将起针的锁针连接成环状时，先穿过准备连接的花片再引拔连接，用同样的方法继续钩织。

· 在其中 1 个提手上先穿入圆环饰花，再将其缝在侧面。

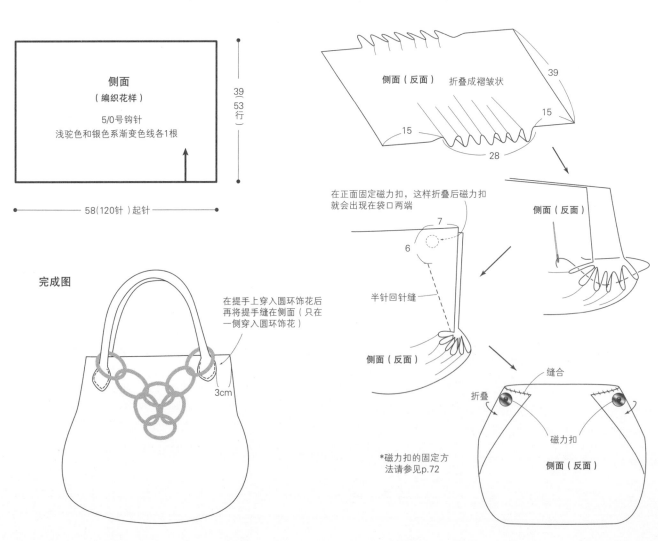

手提包的缝制方法

侧面
（编织花样）
5/0号钩针
浅驼色和银色系渐变色线各1根

39/53 行

58（120针）起针

完成图

在提手上穿入圆环饰花后再将提手缝在侧面（只在一侧穿入圆环饰花）

3cm

侧面（反面）　折叠成褶皱状　39

15　28　15

在正面固定磁力扣，这样折叠后磁力扣就会出现在袋口两端

侧面（反面）

7　6

半针回针缝

侧面（反面）

侧面（反面）

折叠　缝合

磁力扣

侧面（反面）

*磁力扣的固定方法请参见p.72

串珠的穿入方法 *1个圆环饰花所需数量

编织起点一侧 ├── 30颗 ──┤ 切面玻璃珠 *2根浅驼色线

大号圆珠 重复15次

圆环饰花 8个

2根浅驼色线 4/0号钩针

圆环饰花的排列图

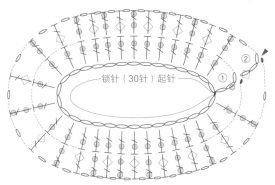

―锁针（30针）起针

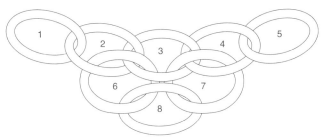

*有串珠的一侧（针目反面一侧）作为正面使用

► =断线

编织花样

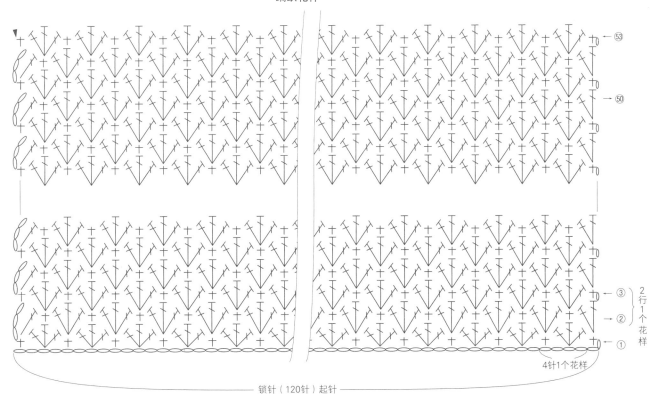

→ ㊷

→ ㊿

→ ③ ┐2
→ ② ├行
　　 │1
→ ① ┘个花样

4针1个花样

―锁针（120针）起针―

69

【№ 16】

Triangle shawl

扇形花样三角形披肩

p.35

◆ 材料和工具

Hamanaka APRICO 灰紫色（21）
75g，钩针 3/0 号

◆ 成品尺寸

宽 72cm，长 33cm（不含系绳）

◆ 制作要点

· 钩 11 针锁针起针，从三角形底边的中心开始钩织。

· 钩 32 行编织花样，然后钩周围的边缘编织 A、B。

· 一根系绳在钩完边缘编织 B 后接着钩织，另一根系绳接线后钩织。

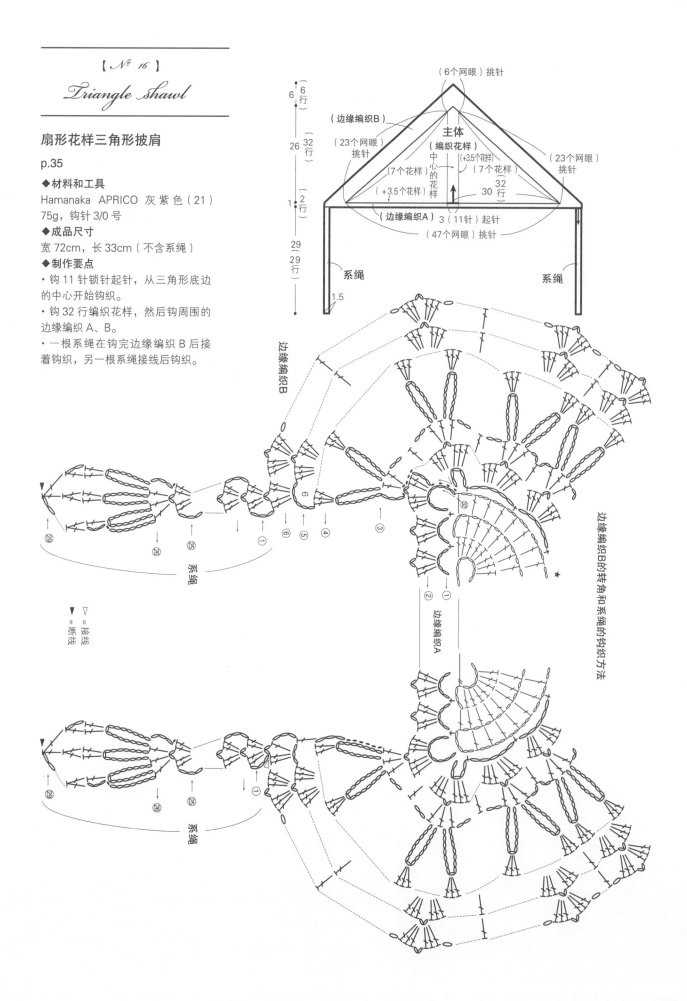

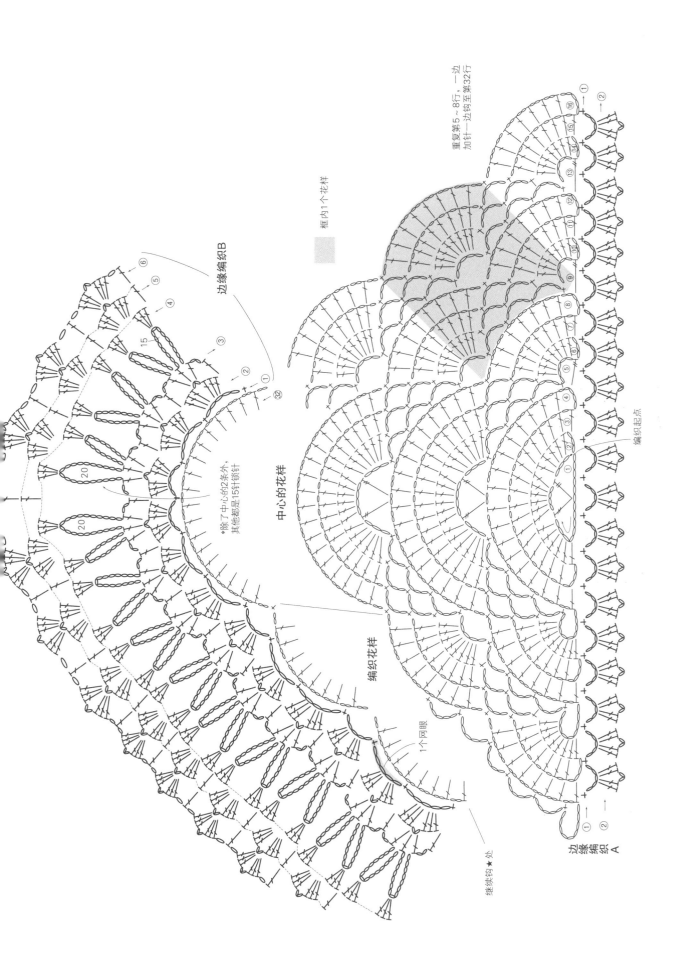

重复第5～8行，一边
加针一边钩至第32行

框内1个花样

边缘编织B

⑥
⑤
④
③
②
①
㉜
15
20
20

*除了中心的2条外，
其他都是15针锁针

中心的花样

⑯
⑮
⑭
⑬
⑫
⑪
⑩
⑨
⑧
⑦
⑥
⑤
④
③
②
①

编织起点

编织花样

1个网眼

①→
②→

边缘编织A

继续钩★处

【 № 14 】
Clutch bag

低调奢华的手拿包

p.30

◆**材料和工具**

Hamanaka eco-ANDARIA 金褐色（69）
120g，VERANO 银色系渐变（1）适量，
直径 18mm 的磁力扣（H206-041-3）
1 对，提手链 120cm，直径 10mm 的
连接环 2 个，直径 7mm 的圆环 2 个，
长 2.5cm 的挂扣 2 个，钩针 5/0 号、
3/0 号

◆**成品尺寸**

宽 24cm，深 13.5cm，侧边 5.5cm

◆**密度**

10cm×10cm 面积内：编织花样 A
21.5 针，18 行

◆**制作要点**

· 前侧面钩 52 针锁针起针，钩 24
行编织花样 A。

· 后侧面及袋盖钩 52 针锁针起针，
从锁针的半针和里山挑针，钩 46 行
编织花样 A。

· 侧边及底部钩 12 针锁针起针，钩
82 行编织花样 A'。

· 将侧面和侧边及底部正面相对对齐
后进行卷针缝，翻至正面。

· 扣带钩 51 针锁针起针，钩 6 行编
织花样 B。用银色系渐变线钩好系绳，
穿入图示指定位置后打结。钩织磁
力扣的基片，固定磁力扣（子扣），
缝在扣带的反面。

· 将扣带缝在包包的背面。

· 在前侧面上固定磁力扣（母扣）。

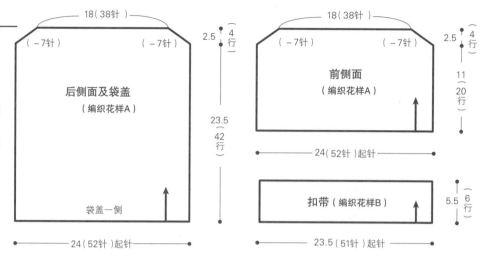

18（38针）
（-7针）　　　（-7针）
后侧面及袋盖
（编织花样A）
23.5
（42行）
袋盖一侧
24（52针）起针

2.5　4行

18（38针）
（-7针）　　　（-7针）
前侧面
（编织花样A）
2.5　　11（20行）
24（52针）起针

扣带（编织花样B）
5.5　6行
23.5（51针）起针

*除特别指定外全部用金褐色线、5/0号钩针

侧边及底部（编织花样A'）
48（82行）
← 5.5 →
（12针）起针

磁力扣的基片

①
磁力扣（子扣）
的固定位置

磁力扣的固定方法

磁力扣
（正面）

将磁力扣的脚插入基片中

（反面）
用钳子将两只脚折向外侧

在反面套上垫片

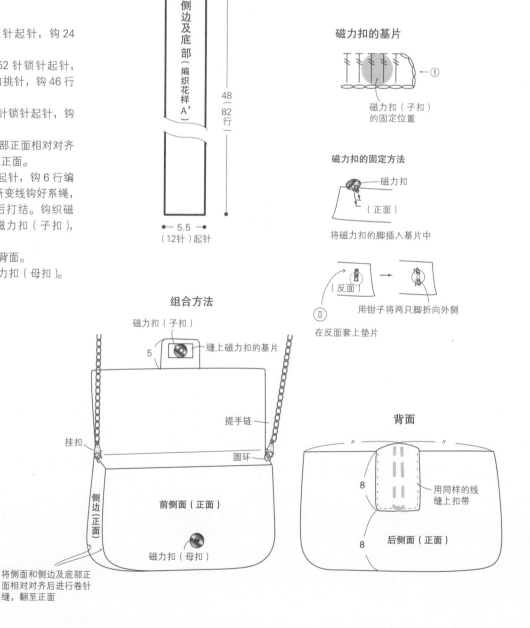

组合方法

磁力扣（子扣）
5
缝上磁力扣的基片
提手链
挂扣
圆环
侧边（正面）
前侧面（正面）
磁力扣（母扣）

将侧面和侧边及底部正
面相对对齐后进行卷针
缝，翻至正面

背面

8
用同样的线
缝上扣带
8
后侧面（正面）

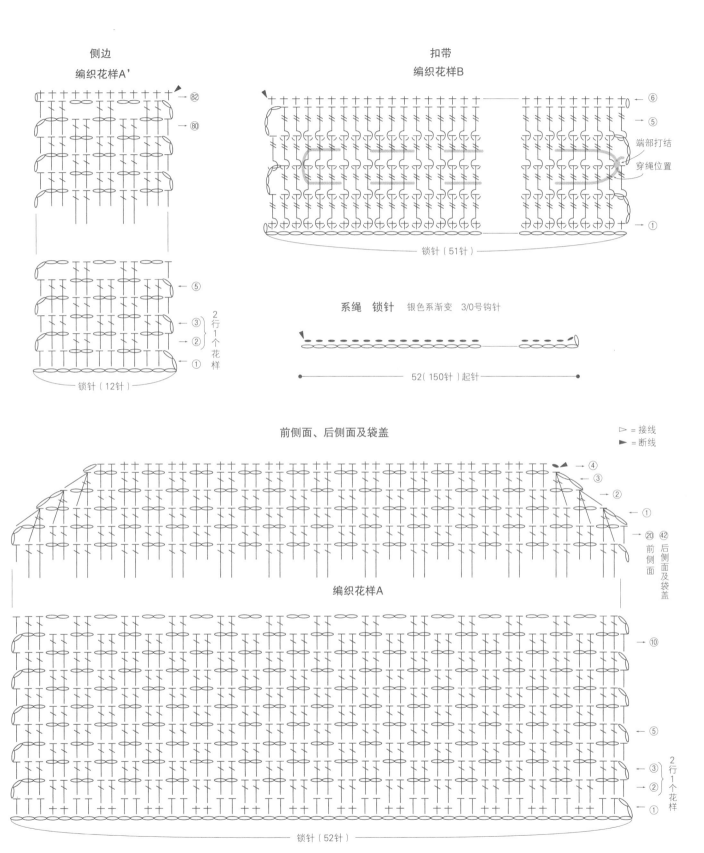

侧边
编织花样A'

→ 82
→ 80

⑤
③
②
①
2行1个花样

锁针（12针）

扣带
编织花样B

← ⑥
← ⑤
端部打结
穿绳位置
→ ①

锁针（51针）

系绳　锁针　银色系渐变　3/0号钩针

52（150针）起针

前侧面、后侧面及袋盖

▷ = 接线
► = 断线

→ ④
← ③
→ ②
← ①

→ 20　42
前侧面　后侧面及袋盖

编织花样A

← ⑩
← ⑤
③
②
①
2行1个花样

锁针（52针）

*从前两圈（行）的针目里挑针钩织的方法请参见p.40

73

低调奢华的圈圈饰花

p.30

◆材料和工具

Hamanaka VERANO 银色系渐变
（1）10g，长3.5cm 的安全别针 1 个，
钩针 3/0 号

◆成品尺寸

长 17cm（不含安全别针）

◆制作要点

・钩 8 针锁针起针，连接成环。钩 3
针锁针的立针，在环中钩入 23 针长
针。

・引拔后，如图所示，重复钩锁针和
编织花样。

・花片 A 最后钩 15 针锁针，花片 B
最后钩 5 针锁针，花片 C 最后钩 1
针锁针。

・不同长度的花片 A、B、C 各钩 1 个，
用编织终点的线头系在安全别针上。

完成图

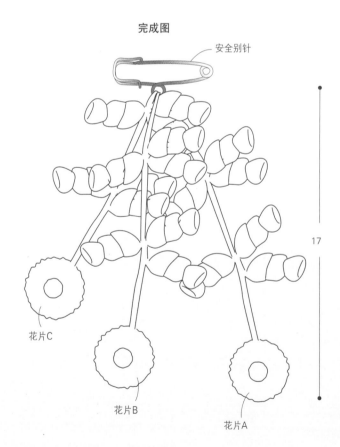

安全别针

花片C

花片B

花片A

17

花片A、B、C

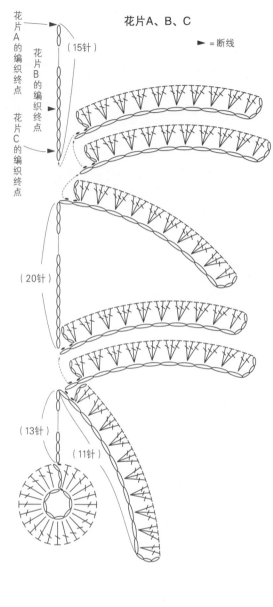

花片A 的编织终点

花片B 的编织终点

花片C 的编织终点

（15针）

（20针）

（13针）

（11针）

► = 断线

钩针编织基础

手指挂线环形起针

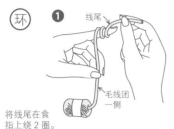

线尾

毛线团一侧

❶ 将线尾在食指上绕2圈。

❷ 左手捏住线环，在线环中插入钩针，挂线后拉出。

❸ 再次挂线引拔。

❹ 线环上出现1个针目。此针不计入针数。

❺ 在钩针上挂线引拔，钩1针锁针的立针。

❻ 在线环中插入钩针，钩1圈短针。

❼ 接下来收紧线环中心。朝箭头方向轻轻拉线尾，线环的2根线中只有1根能活动。

❽ 拉能活动的线，收紧另一根线。

❾ 再次朝箭头方向拉线尾，中心的线环就会缩紧。

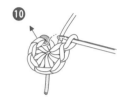

❿ 线环呈缩紧状态。第1圈结束时在第1针的头部引拔。

锁针起针

❶ 钩所需数目的锁针。

❷ 在第1针锁针的外侧半针和里山2根线里挑针。

❸ 在钩针上挂线引拔。

❹ 引拔后的状态。锁针连接成环状。

❺ 钩1针锁针的立针，然后在锁针环里插入钩针继续钩织。

锁针

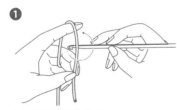

❶ 将钩针置于线的后方，如箭头所示转动钩针制作线环。

用拇指和中指按住

❷ 按住线环的交叉点，如箭头所示转动钩针挂线。

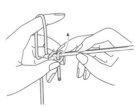

❸ 从线环中拉出挂线的钩针。

拉紧

❹ 拉出后的状态。拉线尾收紧线环。此针不计入针数。

❺ 如箭头所示转动钩针，挂线。

❻ 从线圈中拉出挂线的钩针。

1针锁针

❼ 1针锁针完成。然后重复步骤❺、❻。

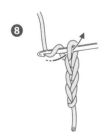

❽ 针目出现在钩针上的线圈下方。

75

短针

十

① 如箭头所示插入钩针。

② 在钩针上挂线，将线拉出（未完成的短针）。

③ 再次在钩针上挂线，引拔穿过钩针上的2个线圈。

④ 短针完成。

中长针

Ⅰ

① 在钩针上挂线，如箭头所示插入钩针。

② 在钩针上挂线后拉出。

③ 将线拉出后的状态（未完成的中长针）。

④ 在钩针上挂线，一次引拔穿过钩针上的3个线圈。

⑤ 中长针完成。

长针

Ｔ

① 在钩针上挂线，如箭头所示插入钩针。

② 在钩针上挂线，将线拉出。

③ 再次在钩针上挂线，引拔穿过钩针上的前2个线圈（未完成的长针）。

④ 再次在钩针上挂线，一次引拔穿过剩下的2个线圈。

⑤ 长针完成。

长长针

Ｆ

  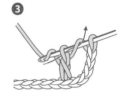 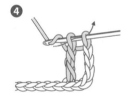

① 在钩针上绕2次线，如箭头所示插入钩针，挂线后拉出。

② 再次在钩针上挂线，引拔穿过钩针上的前2个线圈。

③ 再次在钩针上挂线，引拔穿过钩针上的前2个线圈。

④ 再次挂线，引拔穿过剩下的2个线圈。

⑤ 长长针完成。

3卷长针

 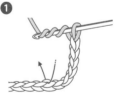   

① 在钩针上绕3次线，如箭头所示插入钩针，挂线后拉出。

② 在钩针上挂线，引拔穿过钩针上的前2个线圈。

③ 在钩针上挂线，引拔穿过针上的前2个线圈。再次重复。

④ 再次在钩针上挂线，引拔穿过剩下的2个线圈。

⑤ 3卷长针完成。

4卷长针

   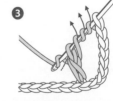 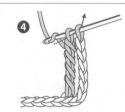 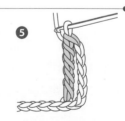

① 在钩针上绕4次线，如箭头所示插入钩针，挂线后拉出。

② 在钩针上挂线，如箭头所示，引拔穿过钩针上的前2个线圈。

③ 重复步骤②3次。

④ 在钩针上挂线，如箭头所示，引拔穿过剩下的2个线圈。

⑤ 4卷长针完成。

＊连接针目与针目时

引拔针

❶ 在前一行针目头部的2根线里插入钩针。

❷ 挂线，如箭头所示引拔。

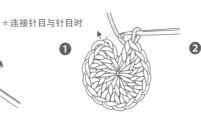

❶ 在指定位置（此处是立针的第3针锁针）插入钩针，挂线后引拔。

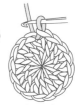

❷ 连接针目与针目的引拔针完成。

1针放2针短针

❶ 在前一行针目头部的2根线里挑针钩短针，再次在同一个针目里插入钩针。

❷ 在钩针上挂线后拉出。

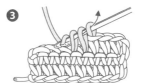

❸ 再次在钩针上挂线，引拔穿过钩针上的2个线圈（短针）。

❹ 在同一个针目里钩入2针短针完成。

2针短针并1针

❶ 在前一行针目头部的2根线里插入钩针，挂线后拉出（未完成的短针）。

❷ 在下个针目里插入钩针，将线拉出，钩未完成的短针。

❸ 在钩针上挂线，一次引拔穿过3个线圈。

❹ 2针短针并1针完成。

1针放2针长针
（在针目里插入钩针）

❶ 钩1针长针后，如箭头所示，在同一个针目里插入钩针，钩长针。

❷ 在同一个针目里钩入2针长针完成。

1针放2针长针
（整束挑针）

❶ 如箭头所示，在锁针下方的空隙里插入钩针钩长针，再在同一个地方插入钩针钩长针。

❷ 在同一个地方整束挑针钩入2针长针完成。

2针长针并1针

❶ 钩针挂线后插入针目里，再次挂线后拉出。

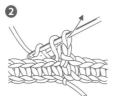

❷ 再次挂线，引拔穿过钩针上的前2个线圈（未完成的长针）。

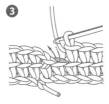

❸ 接着再钩1针未完成的长针。

❹ 在钩针上挂线，一次引拔穿过钩针上的3个线圈。

❺ 2针长针并1针完成。

短针的条纹针
（环形编织）

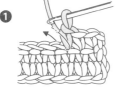

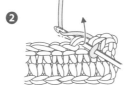

❶ 在前一圈短针头部的后面半针里插入钩针。

❷ 钩短针。

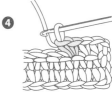

❸ 按相同的要领，继续在后面半针里挑针钩短针。

❹ 一圈结束时，在第1针短针的头部引拔。

❺ 下一圈按同样的方法，在前一圈针目的后面半针里挑针钩织。

3针长针的枣形针
（在针目里插入钩针）

① 在钩针上挂线，在前一行（此处为起针行）针目里插入钩针。

② 在钩针上挂线后拉出，在钩针上挂线引拔穿过前2个线圈（未完成的长针）。

③ 在钩针上挂线，在同一个针目里再钩2针未完成的长针。

④ 在钩针上挂线，一次引拔穿过钩针上的4个线圈。

⑤ 3针长针的枣形针完成。

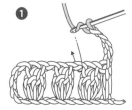  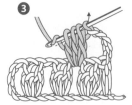 

3针长针的枣形针
（整束挑针）

① 在钩针上挂线，在前一行锁针下方的空隙里插入钩针（整束挑针）。

② 钩3针未完成的长针。

③ 在钩针上挂线，一次引拔穿过钩针上的4个线圈。

④ 整束挑针钩3针长针的枣形针完成。

---

① ②

5针长针的爆米花针
（在针目里插入钩针）

① 在1个针目里钩入5针长针，暂时将钩针从针目里取下来，在第1针长针的头部插入钩针。

② 在刚才取下的针目里插入钩针，拉出。

③ 钩1针锁针，锁住刚才拉出的针目。

④ 针目朝自己这侧突出。5针长针的爆米花针完成。

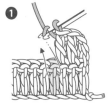 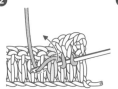   

长针的正拉针

① 在钩针上挂线，然后从前面插入钩针挑起前一行针目的尾部。

② 挂线后拉出，拉得稍微长一点。

③ 挂线，引拔穿过钩针上的前2个线圈。

④ 再次在钩针上挂线，引拔穿过剩下的2个线圈。

⑤ 长针的正拉针完成。

---

①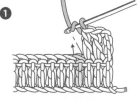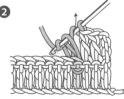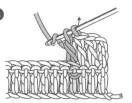

长针的反拉针

① 在钩针上挂线，然后从后面插入钩针挑起前一行针目的尾部。

② 挂线后拉出，拉得稍微长一点。在钩针上挂线，引拔穿过钩针上的前2个线圈。

③ 再次在钩针上挂线，引拔穿过剩下的2个线圈。

④ 长针的反拉针完成。

  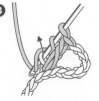  

变化的长针1针交叉
（左上）

① 在钩针上挂线，在前一行（此处为起针行）针目里插入钩针钩长针。

② 在钩针上挂线，如箭头所示，从后面将钩针插入前一针针目。

③ 在钩针上挂线后拉出。

④ 重复2次"挂线，引拔穿过2个线圈"，钩长针。

⑤ 左边的长针位于上方。变化的长针1针交叉（左上）完成。

3针锁针的狗牙针

  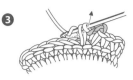 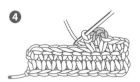

❶ 钩3针锁针，在前一行下个针目的头部插入钩针。

❷ 挂线后拉出。

❸ 再次在钩针上挂线，引拔穿过钩针上的2个线圈。

❹ 3针锁针的狗牙针完成。

3针锁针的狗牙拉针
（钩在长针上）

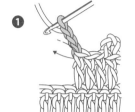  

❶ 钩3针锁针，在长针头部的前面半针和尾部1根线里插入钩针。

❷ 挂线后引拔。

❸ 3针锁针的狗牙拉针完成。

在长针里钩入串珠

❶ 在未完成的状态下滑过来1颗串珠，在钩针上挂线，引拔穿过剩下的2个线圈。

❷ 串珠被钩入织物反面。

在长针里钩入串珠
（1针里钩入2颗串珠）

  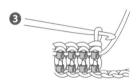

❶ 在钩针上挂线，在前一行（此处为起针行）针目里插入钩针将线拉出。滑过来1颗串珠后在钩针上挂线，引拔穿过前2个线圈。

❷ 在未完成的状态下再次滑过来1颗串珠，在钩针上挂线，引拔穿过剩下的2个线圈。

❸ 2颗串珠被钩入织物反面，呈纵向并列状态。

钩引拔针连接花片

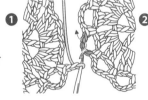  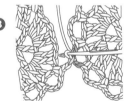 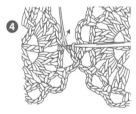

❶ 钩至连接位置前一针，将钩针从正面插入第1个花片的锁针环里。

❷ 挂线后引拔。

❸ 钩引拔针连接花片完成。

❹ 回到第2个花片继续钩织。

针目与针目的卷针缝合

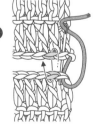 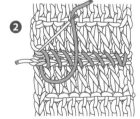

❶❷

将2个织片正面朝上对齐，依次用缝针挑取最后一行针目的头部2根线。总是从同一个方向插入缝针，一针一针进行缝合。

缝合结束时，在同一个地方再缝合一次。

行与行的卷针缝合

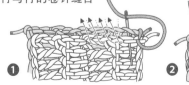 

❶❷

将2个织片正面相对对齐，将缝针插入起针的2个锁针里。总是从同一个方向插入缝针，一边将边端针目分隔开一边在每行长针里卷针缝2或3次。

缝合结束时，在同一个地方再缝合一次。

稲叶由美（*bow*） *yumi inaba*

因为母亲经营着一家手工艺店，所以自小就在手工艺环境里成长。
2008年创立＊bow＊工作室，并在图书、期刊、网络上发表作品。
擅长复古风作品的创作，怀旧却不失新意，优雅而不乏流行元素。
创作出这样的作品一直是作者的追求。

日本宝库社授权河南科学技术出版社在中国大陆独家出版发行本书中文简体字版本。

版权所有，翻印必究

豫著许可备字-2014-A-00000037

图书在版编目（CIP）数据

低调的奢华：怀旧风钩针编织小物/(日) 稻叶由美著；蒋幼幼译. —郑州：河南科学技术出版社，2016.9（2017.6重印）

ISBN 978-7-5349-8312-2

Ⅰ.①低… Ⅱ.①稻… ②蒋… Ⅲ.①钩针—编织—图集 Ⅳ.①TS935.521-64

中国版本图书馆CIP数据核字(2016)第208414号

出版发行：河南科学技术出版社

　　　　　地址：郑州市经五路66号　　邮编：450002

　　　　　电话：（0371）65737028　　65788613

　　　　　网址：www.hnstp.cn

策划编辑：刘　欣

责任编辑：梁　娟

责任校对：刘　瑞

封面设计：张　伟

责任印制：张艳芳

印　　刷：北京盛通印刷股份有限公司

经　　销：全国新华书店

幅面尺寸：213 mm×285 mm　　印张：5　　字数：120千字

版　　次：2016年9月第1版　　2017年6月第2次印刷

定　　价：39.00元

如发现印、装质量问题，影响阅读，请与出版社联系并调换。